普通高等学校"十四五"规划计算机类专业特色教材

JavaScript 程序设计

刘雄华 主 编

陈立佳 李双双 姜庆玲 副主编

华中科技大学出版社

中国·武汉

内 容 介 绍

本书主要介绍了 JavaScript 的基础理论以及 JavaScript 在项目中的应用。按照理论与应用相结合的原则，由浅入深，全面介绍了 JavaScript 语言、JavaScript Web 等内容，具体包括语言简介、变量与常量、数据类型、操作符、语句、函数、面向对象、引用类型、新特性、JSON、AJAX 等。

为了方便读者的学习，我们在书中提供了完整的源代码。建议读者在学习本书时，对书中的代码实例多动手实践。

图书在版编目（CIP）数据

JavaScript 程序设计/刘雄华主编.—武汉:华中科技大学出版社，2022.3

ISBN 978-7-5680-8050-7

Ⅰ . ①J… Ⅱ . ①刘… Ⅲ . ①JAVA 语言－程序设计－教材 Ⅳ . ①TP312.8

中国版本图书馆 CIP 数据核字（2022）第 032619 号

JavaScript 程序设计
JavaScript Chengxu Sheji

刘雄华　主编

策划编辑：范　莹
责任编辑：陈元玉
封面设计：原色设计
责任监印：周治超
出版发行：华中科技大学出版社（中国·武汉）　　电话：(027)81321913
　　　　　武汉市东湖新技术开发区华工科技园　　邮编：430223
录　　排：武汉金睿泰广告有限公司
印　　刷：武汉开心印刷有限公司
开　　本：787mm × 1092mm　1/16
印　　张：18
字　　数：449千字
版　　次：2022 年 3 月第 1 版第 1 次印刷
定　　价：48.80 元

前　言

JavaScript 目前是世界上最流行的脚本编程语言之一，广泛应用于 Web 应用开发，可让网页呈现各种动态效果，致力于增强网站和 Web 应用程序之间的交互性。

本书主要介绍了 JavaScript 的基础理论以及 JavaScript 在项目中的应用。

第 1 章：语言简介。本章主要介绍了 JavaScript 语言基础知识、JavaScript 实现、JavaScript 语法以及关键字和保留字。通过本章内容，读者可以对 JavaScript 语言有更深入的了解，为后面章节的学习打下基础。

第 2 章：变量与常量。本章主要对 var 声明变量、let 声明变量以及 const 声明常量的方法与实例进行了分析，并对数组、对象以及字符串的解构赋值进行了介绍。

第 3 章：数据类型。本章主要对 typeof 操作符、Undefined 类型、Null 类型、Boolean 类型、Number 类型、String 类型、Symbol 类型、BigInt 类型以及 Object 类型的概念与应用进行了介绍。

第 4 章：操作符。本章主要对几种操作符进行了介绍，包括算术操作符、比较操作符、逻辑操作符、赋值操作符、位操作符以及其他操作符，并对操作符的优先级进行了说明。

第 5 章：语句。本章对选择语句、循环语句以及其他语句进行了介绍。选择语句主要对 if 和 switch 语句的基本语法结构以及应用进行了介绍，循环语句对 for、for…in、while、do…while、Iterator 和 for…of、for await…of 以及 for each…in 语句的基本语法和应用进行了讲解，最后对其他类型的语句进行了说明。

第 6 章：函数。本章主要对 ES6 函数的新特性、函数递归、回调函数、闭包、Generator 函数以及 async 函数的相关内容进行了讲解，并对相关知识点给出了实例分析。

第 7 章：面向对象。本章首先对面向对象的概念进行了介绍，对 function 形式的类与对象以及继承的相关内容进行了分析，对 class 形式、Reflect 反射以及 this 对象等相关知识和实例应用进行了讲解。

第 8 章：引用类型。本章主要对 Object 类型、Array 类型、Set()函数和 WeakSet()函数、Map 对象和 WeakMap 对象、Global 对象和 Math 对象、Date 类型、RegExp 类型、Function 类型、基本包装类型的概念与实例进行了说明，并对单体内置对象进行了分析。

第 9 章：新特性。本章主要对新增的特性进行了分析，包括装饰器、Symbol 属性与方法、

Module 模块开发、BigInt 对象的基本概念与应用、Promise()函数。

第 10 章：JSON。本章对 JSON 的语法、解析与序列化的相关知识进行了讲解，并对相关实例的应用进行了说明。

第 11 章：AJAX。本章首先对 XMLHttpRequest 对象的属性和方法进行了总结分析，并对相关实例进行了应用分析。接着讲解了进度事件的相关知识，并对跨域资源共享的内容进行了概括。

本书由武汉工商学院计算机与自动化学院的 JavaScript 教研团队组织编写，参与编写的老师有刘雄华、李双双、姜庆玲、陈立佳等。由于时间仓促，书中不足或疏漏之处在所难免，殷切希望广大读者批评指正!

建议读者在学习本书时，对书中的项目实例多动手实践，这样才能加深对所学知识和项目中代码的理解。为了方便你的学习，我们将书中项目的源代码（包括所有材料）上传到 http://www.20-80.cn/bookResources/JavaWeb_book，你可以自行下载查看。

编 者

2022 年 1 月

目　　录

第1章 语言简介

学习目标:

- JavaScript 简介;

- JavaScript 的实现;

- JavaScript 的语法;

- JavaScript 的关键字和保留字。

JavaScript 是目前世界上比较流行的脚本语言,广泛应用于 Web 应用开发,可为网页添加各种动态功能,以及为用户呈现更加美观的浏览效果。通常,JavaScript 脚本是通过嵌入 HTML 来实现自身功能的。

1.1 JavaScript 简介

JavaScript 是一种基于对象(object)和事件驱动(event driven)的动态类型,是一门弱类型的直译式的脚本语言。使用 JavaScript 可以轻松地实现与 HTML 的互操作,并且完成丰富的页面交互功能。它的解释器被称为 JavaScript 引擎,为浏览器的一部分,广泛应用于客户端的脚本语言。

JavaScript 诞生于 1995 年,由 Netscape 公司的 Brendan Eich 在网景导航者浏览器上首次设计实现而成。当时,它的主要目的是执行由服务器端负责的一些输入验证操作,以使表单的验证显得更加顺畅、简便。但是,随着 JavaScript 的飞速发展,它已不再只是一个简单的输入验证器,而是成为一门强大的、互联网上最流行的脚本语言。可用于 HTML 和 Web,更可用于服务器、PC、笔记本电脑、平板电脑和智能手机等设备。它在日常中的用途主要包括以下 8 个方面。

(1)为 HTML 页面添加动态效果。

(2)对浏览器事件做出响应,如鼠标的点击或移动、键盘的敲击等。

(3)读写 HTML 元素,如修改网页的内容或样式。

(4)在数据被提交到服务器之前验证数据。

（5）向远程服务器发送网络请求，下载或上传文件，如 AJAX 或 COMET。

（6）可通过本地存储记录客户端的数据。

（7）控制 cookies，包括创建和修改等。

（8）基于 Node.js 技术进行服务器端编程。

此外，宿主环境是指软件赖以生存的软件环境，可以是操作系统、服务器程序、应用程序等。宿主环境为 JavaScript 提供运行条件，也提供该语言的扩展，以便语言与环境之间的对接交互。JavaScript 是专为与网页交互而设计的脚本语言，但是它的宿主环境不只 Web 浏览器，还包括服务器环境（如 node 项目）等。

1.2　JavaScript 实现

ECMAScript 是 JavaScript 的标准，但它并不等同于 JavaScript。一个完整的 JavaScript 实现应该由下列 3 个不同的部分组成，如图 1-1 所示。

（1）核心（ECMAScript）：由 ECMA-262 定义，提供核心语言功能。

（2）文档对象模型（DOM）：提供访问和操作网页内容的方法和接口。

（3）浏览器对象模型（BOM）：提供与浏览器交互的方法和接口。

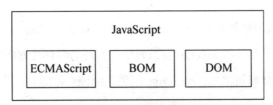

图 1-1　JavaScript 的组成

ECMAScript 是一种由 Ecma 国际（前身为欧洲计算机制造商协会，英文名称是 European Computer Manufacturers Association）通过 ECMA-262 标准化的脚本程序设计语言。

ECMA-262：它是 ECMAScript 的标准，ES6 是 ECMA-262 标准的第六版，ES7 表示 ECMA-262 标准的第七版，以此类推。因为 ES6 于 2015 年发布，因此也被称为 ES2015；ES7 于 2016 年发布，被称为 ES2016。

ECMA-262 主要规定了这门语言的语法、类型、语句、关键字、保留字、操作符、对象这 7 个组成部分。ECMAScript 就是对实现该标准规定的各方面内容的语言的描述。ECMAScript 作为 JavaScript 语言的核心。

DOM（document object model，文档对象模型）是用于访问和操作文档的 API。

BOM(browser object model，浏览器对象模型)可以让我们通过 JavaScript 来操作浏览器。

1.2.1　在 HTML 中使用 JavaScript

通过<script>元素，可以在 HTML 中使用 JavaScript，可分为以下 4 种方式。

1. 内嵌<script>元素

在<script></script>元素中直接放入 JavaScript 代码。代码如下：

```
<script type="text/javascript">
    function sayHi() {
     console.log("Hi!");
    }
</script>
```

2. 链接外部 js 文件

通过<script>元素的 src 属性引入外部的 JavaScript 文件。外部 JavaScript 文件一般以 xx.js 方式命名。代码如下：

```
<script type="text/javascript" src="index.js"></script>
```

一般情况下，浏览器会按照 JavaScript 代码在文档中出现的先后顺序执行。但是，也有例外情况，比如给<script>元素添加 async 或 defer 属性，可能会改变 JavaScript 的执行顺序。

3. HTML 中的事件处理程序

当 HTML 文件被载入浏览器时，JavaScript 代码只会执行一次。JavaScript 代码可以通过将函数赋值给 Element 对象的属性来注册事件处理程序。这个 Element 对象表示文档里的一个 HTML 元素，例如：

```
<input type="checkbox" name="options" onchange="alert('被选中!')">
```

在 HTML 中定义的事件处理程序的属性可以包含任意一条 JavaScript 语句，相互之间用逗号分隔。这些语句组成一个函数体，然后这个函数为对应事件处理程序属性的值。

4. URL 中的 JavaScript

在 URL 后跟着一个 javascript:协议限定符，是另一种嵌入 JavaScript 代码到客户端的方式。这种特殊的协议类型用于指定 URL 内容为任意字符串，这个字符串是被 JavaScript 解释器运行的 JavaScript 代码，会被当作单独的一行代码对待，这意味着语句之间必须用分号隔开，而注释必须用/**/注释代替。javascript:URL 能识别的资源是转换成字符串的执行代码的返回值。如果代码返回 undefined，那么这个资源是没有内容的。

javascript:URL 可以在使用常规 URL 的任意地方：比如<a>的 href 属性，<form>的 action 属性，甚至 window.open()方法的参数。

例如，超链接里的 JavaScript URL 的代码如下：

```
<a href="javascript:new Date().toLocaleTimeString();">点击显示时间</a>
```

1.2.2 <script>元素

HTML 为<script>元素定义了 6 个属性，如表 1-1 所示。

表 1-1　　<script>元素属性列表

属性	说　明
async	可选，属于异步属性，表示页面的加载不必等待脚本的下载执行完成，只对外部脚本文件有效
charset	可选，表示通过 src 属性引入的代码的字符集
defer	可选，表示脚本可以延迟到文档完全被解析和显示之后执行，只对外部脚本有效
language	已废弃，原用于指定编写代码使用的脚本语言（如 JavaScript、JavaScript 1.2、VBScript）
src	可选，表示需要引入的外部文件。引入外部文件时为必选属性
type	可选，可以看成是 language 的替代属性，表示编写代码时使用的脚本语言的内容类型（也称 MIME 类型），默认为 text/javascript

使用 async 属性的代码如下：

```
//异步脚本
<script src="index1.js" async="async"></script>
<script src="index2.js" async="async"></script>
```

指定 async 属性的目的是让页面不必等到脚本文件下载执行完毕之后再加载页面，而是异步加载页面其他内容。但是不能保证脚本文件执行的先后顺序，可能是第二个脚本在第一个脚本之前执行。

使用 defer 属性的代码如下：

```
//延迟脚本
<script type="text/javascript" defer="defer" src="index1.js"></script>
<script type="text/javascript" defer="defer" src="index2.js"></script>
```

添加 defer 属性之后，脚本文件会在遇到</html>标签之后才开始执行。也就是说，脚本会被延迟到整个页面都解析完毕后再执行。

1.2.3　标签的位置

通常情况下，编程过程中会把<script>标签放在页面的<head>中，这对于包含很多 JavaScript 代码的页面来说，可能会导致浏览器在呈现页面时出现明显的延迟，而延迟期间的浏览器窗口将是一片空白。为了避免这个问题，可以将 JavaScript 的引用放在<body>标签中所有其他元素的后面，如下代码所示：

```
<body>
   <!--这里放内容-->
   <script type = "text/javascript" src = "index1.js"></script>
   <script type = "text/javascript" src = "index2.js"></script>
</body>
```

当然，还有其他方法可以解决页面加载延迟的问题，例如，使用 JavaScript 中的 window.onload()方法，或者利用<script>标签的 async 或 defer 属性等。

1.2.4 文档模式

文档模式用于指定浏览器采用什么标准来显示网页，可以通过使用文档类型（doctype）切换不同的文档模式。

文档模式大致可分为以下 3 种类型。

（1）混杂模式（quirks mode）。

（2）标准模式（standards mode）。

（3）准标准模式（almost standards mode）。

如果在文档开始处没有声明文档类型，则所有浏览器都会默认开启混杂模式。我们不推荐这种做法，因为不同的浏览器在这种模式下的行为差别很大，对于浏览器的兼容存在很大的考验。

标准模式可以通过使用下面任何一种文档类型来开启：

```
<!--HTML 4.01 严格型-->
<!DOCTYPE HTML PUBLIC "-//W3C//DTD HTML 4.01//EN"
"http://www.w3.org/TR/html4/strict.dtd">

<!--XHTML 1.0 严格型-->
<!DOCTYPE html PUBLIC
"-//W3C//DTD XHTML 1.0 Strict//EN"
"http://www.w3.org/TR/xhtml1/DTD/xhtml1-strict.dtd">

<!--HTML 5-->
<!DOCTYPE html>
```

对于准标准模式，可以通过使用过渡型（transitional type）或框架集型（frameset type）文档类型来开启，代码如下所示：

```
<!--HTML 4.01 过渡型-->
<!DOCTYPE HTML PUBLIC
"-//W3C//DTD HTML 4.01 Transitional//EN"
"http://www.w3.org/TR/html4/loose.dtd">

<!--HTML 4.01 框架集型-->
```

```
<!DOCTYPE HTML PUBLIC
"-//W3C//DTD HTML 4.01 Frameset//EN"
"http://www.w3.org/TR/html4/frameset.dtd">

<!--XHTML 1.0 过渡型-->
<!DOCTYPE html PUBLIC
"-//W3C//DTD XHTML 1.0 Transitional//EN"
"http://www.w3.org/TR/xhtml1/DTD/xhtml1-transitional.dtd">

<!--XHTML 1.0 框架集型-->
<!DOCTYPE html PUBLIC
"-//W3C//DTD XHTML 1.0 Frameset//EN"
"http://www.w3.org/TR/xhtml1/DTD/xhtml1-frameset.dtd">
```

准标准模式与标准模式非常接近，它们的差异几乎可以忽略不计。因此，当有人提到"标准模式"时，有可能是指这两种模式中的任何一种。

1.2.5 <noscript>元素

当浏览器不支持脚本，或者浏览器支持脚本但是脚本被禁用的情况下，JavaScript 代码无法被正常解析。这时可以使用<noscript>元素显示脚本未被执行时的替代内容。这个元素可以包含在<body>中正常使用的除<script>以外的所有元素。例如，在<body>标签中引入<noscript>元素，代码如下：

```
<body>
    <noscript>
        <p>本页面需要浏览器支持或启用 JavaScript </p>
    </noscript>
</body>
```

这个页面会在脚本无效的情况下显示<noscript>元素中的内容。而在启用了脚本的浏览器中，用户是看不到<noscript>元素中的信息的。

1.3   JavaScript 语法

JavaScript 语法规定了 JavaScript 的语言结构，主要包括标识符、语句规范、输出方式等内容。

1.3.1   区分大小写

JavaScript 对字符的大小写敏感，不论是变量、函数名或操作符等都需要注意大小写。比如变量名 name 和变量名 Name 就分别代表两个不同的变量。

1.3.2　标识符

标识符是指 JavaScript 变量、函数、属性的名字，或者函数的参数。它需要遵循以下规则。

（1）第一个字符只能是字母、下划线（_）或者美元符号（$）。

（2）其他字符可以是字母、下划线、美元符号或数字。

（3）可以包含扩展的 ASCII 或 Unicode 字母字符，但是不推荐。

通常情况下，推荐标识符采用驼峰式书写，即首字母小写、后面每个单词首字母大写的格式，例如 firstName、bgColor、sayName。

1.3.3　JavaScript 语句

JavaScript 语句是编程命令，告诉浏览器应该做什么。

JavaScript 语句以一个分号结尾，如果省略分号，则由解析器确定语句的结尾。建议不要省略分号。代码如下：

```
var myName = 'tom';
var age = 18;
```

JavaScript 可以通过花括号 { } 将多条语句组合到一个代码块中。例如把满足某个条件需要执行的语句放在一个代码块中，代码如下：

```
let test=Boolean('123');
if(test){
    test=false;
    console.log(test);
}
```

JavaScript 会忽略多个空格。编写代码时，可以适当插入空格，以增强代码的可读性。例如，在定义变量时可在赋值操作符（=）左右侧分别插入空格，代码如下：

```
//以下两行定义的变量是等价的
var person='David';
var person = 'David';
```

1.3.4　注释

JavaScript 注释包括单行注释和块级注释。单行注释以两个斜杠开头，如下所示：

```
//单行注释
```

块级注释以一个斜杠和星号开头，再以一个星号和斜杠结尾，如下所示：

```
/*这是块级注释,
或者说是
多行注释*/
```

为了方便查看，也可以写成以下格式：

```
/*
*这是块级注释，
*或者说是多行注释
*/
```

1.3.5　常见的输出方法

JavaScript 不提供任何内建的打印或显示函数。在 Web 浏览器上，JavaScript 可以通过以下 4 种方式输出数据。

（1）使用全局对象的 alert()方法写入警告框。例如，在页面刚打开的情况下弹出警告框，代码如下：

```
<body>
    <script>
        alert('hello javascript!');            //全局对象 window 可省略
    </script>
</body>
```

打开或刷新网页，alert()方法输出效果如图 1-2 所示。

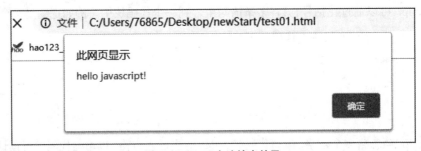

图 1-2　alert()方法输出效果

（2）使用文档对象的 write()方法写入 HTML 的输出。例如，通过 document.write()方法在空白页写入'hello javascript!'，代码如下：

```
<body>
    <script>
        document.write('hello javascript!');
    </script>
</body>
```

打开或刷新网页，document.write()方法的输出效果如图 1-3 所示。

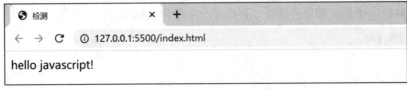

图 1-3　document.write()方法的输出效果

（3）使用 innerHTML 写入 HTML 元素。例如，通过 innerHTML 在<h2>标签里写入 hello javascript!。代码如下：

```html
<body>
    <h2>hello world!</h2>
    <script>
        let hW = document.querySelector('h2');
        hW.innerHTML = 'hello javascript!';
    </script>
</body>
```

打开或刷新网页，innerHTML 的输出效果如图 1-4 所示。

图 1-4　innerHTML 的输出效果

（4）使用 console 对象的 log()方法在控制台输出信息。例如，通过 console.log()方法在控制台输入'hello javascript!'。代码如下：

```html
<body>
    <script>
      console.log('hello javascript!');
    </script>
</body>
```

打开开发者工具，可在控制台看到 console.log()方法的输出效果，如图 1-5 所示。

图 1-5　在控制台看到 console.log()方法的输出效果

在 Web 浏览器上，除以上 4 种常见的输出方法外，全局对象的 confirm()方法和 prompt()方法，文档对象的 writeln()方法、innerText 属性、textContent 属性、outerHTML 属性、outerText 属性，以及 Console 对象的 warn()方法和 info()方法也可以在 Web 浏览器中输出相关内容，后续章节将会陆续介绍。

1.3.6　调试

学会使用调试工具来调试代码对于程序员非常重要，它可以大大提高编程效率。

查找编程代码中的错误称为代码调试，现代浏览器都有内置的调试器，方便用户查找代码错误。内置的调试器可打开和关闭，也可以强制将错误报告显示给用户。

通常，打开浏览器后，可通过 F12 键启用调试器，并在调试器菜单中选择"控制台"，或者通过在页面中点击鼠标右键选择对应的选项（浏览器不同，对应的选项名不同）进入控制台。例如，在 Chrome 中可通过点击鼠标右键，然后点击"检查"选项进入控制台，如图 1-6 所示。

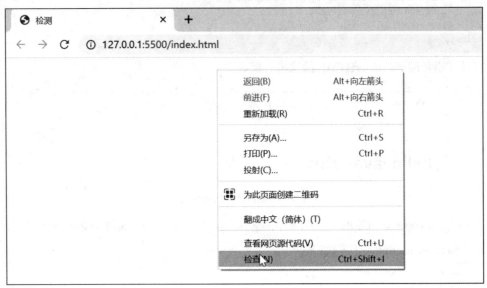

图 1-6　进入控制台的选项图

1. console.log()方法

console.log()方法可以在调试窗口显示 JavaScript 代码中的输出值。例如，可以通过 console.log('hello world!')在控制台输出 hello world!。在控制台输出文本的结果如图 1-7 所示。

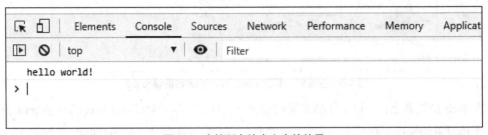

图 1-7　在控制台输出文本的结果

2. 设置断点

在调试器窗口，设置断点是一种常用的调试 JavaScript 代码的方式。当代码运行到断点处时，将停止运行，用户可以检查 JavaScript 的计算值。在检查值之后，可以恢复代码的运行。如图 1-8 所示，在 console.log(c)处设置断点，程序运行到此语句将停止运行，同时出现"Paused in debugger"按钮。"Paused in debugger"按钮可控制 JavaScript 代码继续向下执行。

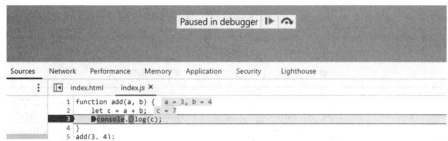

图 1-8　设置断点后的运行效果

3. debugger 关键字

debugger 关键字会停止代码的运行,与设置断点的功能一样。如图 1-9 所示,在 console.log(c)
后添加 debugger 关键字后,程序运行到 debugger 处将停止运行。

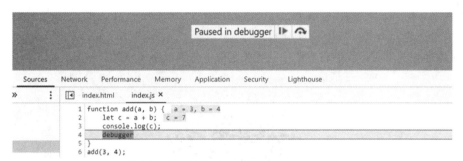

图 1-9　设置 debugger 关键字后的运行效果

1.4　关键字和保留字

JavaScript 关键字是语言保留的、具有特定用途的一些字符。这些字符可用于表示控制语句
的开始或结束,或者用于执行一些特定的操作等。根据规则,这些关键字不能用作变量名、函
数名、对象名等标识符。ECMAScript 规范中常用的关键字如表 1-2 所示。

表 1-2　ECMAScript 规范中常用的关键字

break	else	in	true
case	enum	instanceof	try
catch	export（ES6 新增）	let（ES6 新增）	typeof
class（ES6 新增）	extends（ES6 新增）	new	var
const（ES6 新增）	false	null	void
continue	finally	return	while
debugger	for	super（ES6 新增）	with
default	function	switch	
do	if	this	

ECMA-262 还描述了另外一组不能用作标识符的保留字。保留字指的是被预留下来、将来可能被指定为关键字的一些字符。ECMAScript 规范中常见的保留字如表 1-3 所示。

表 1-3　ECMAScript 规范中常见的保留字

abstract	final	int	short
boolean	float	interface	static
byte	goto	long	synchronized
char	implements	native	throws
double	protected	package	transient
public	private	volatile	yield

【附件一】

为了方便你的学习，我们将本章中的相关附件上传到以下所示的二维码，你可以自行扫码查看。

第 2 章　变量与常量

学习目标：

- var 关键字定义的变量；
- let 关键字定义的变量；
- const 关键字定义的常量；
- 变量的解构赋值。

变量和常量都是用来存储数据的"容器"。变量是在存储过程中可以改变的量，常量通常用于表示一些固定不变的量。

2.1　var

2.1.1　定义变量

ECMAScript 的变量是松散类型的，可用来存储任何类型的数据。JavaScript 中可使用 var 关键字定义变量。代码如下：

```
var pi = 3.14;
var name = "Bill Gates";
var answer = 'How do you do!';
```

上述代码中的每个 var 关键字声明了一个变量。var 也可以在一条语句中声明多个变量，变量之间用逗号（,）分隔。代码如下：

```
var pi = 3.14,
name = "Bill Gates",
answer = 'How do you do!';
```

var 定义的未经过初始化的变量会保存一个特殊的值：undefined。代码如下：

```
var studentName;
console.log(studentName);              //输出：undefined
```

2.1.2　变量提升

JavaScript 引擎解析过程中，首先会获取所有使用 var 关键字声明的变量，然后按照顺序解析其他语句，这就使得 var 声明的变量会被提升到相关作用域的头部，这就是变量提升。因此，

var 声明的变量可以在声明之前使用，值为 undefined。需要注意的是，ES6 之前，JavaScript 有全局作用域和函数作用域。全局作用域里 var 声明的变量会被视为在全局作用域的头部，函数作用域内 var 声明的变量会被视为在函数作用域的头部。代码如下：

```
console.log(num);                    //输出：undefined
var num = 12;
function fn() {
    console.log(num);
    var num = 13;
}
fn();                                //输出：undefined
console.log(num);                    //输出：12
```

上述代码中，num 被声明了两次，第一次是在全局作用域下被声明，值为 12。第二次是在 fn()函数中被声明，值为 13。第一次打印 num 时，num 尚未被声明，但是，由于提升机制，num 被提升到作用域的头部，但是未被赋值，所以输出值为 undefined。调用函数 fn()，在函数作用域里打印 num 也是在声明之前，所以输出值也为 undefined。第三次打印 num 时，num 已被声明且赋值，所以输出 12。上述代码的实际执行过程如下：

```
var num;
console.log(num);                    //输出：undefined
num = 12;
function fn() {
    var num;
    console.log(num);
    num = 13;
}
fn();                                //输出：undefined
console.log(num);                    //输出：12
```

2.1.3　变量作用域

使用 var 定义的变量可分为全局变量和局部变量。在全局作用域中定义的变量称为全局变量。在函数中定义的变量为此函数作用域中的局部变量，局部变量会在函数退出后被销毁。代码如下：

```
function test() {
    var message = "hello";           //局部变量
}
test();
console.log(message);                //报错：Uncaught ReferenceError
```

正常情况下，要求定义变量必须使用关键字 var。如果省略 var 关键字来直接给变量赋值，那么变量会被解析为全局变量。虽然此变量可以正常使用，但是它会增加代码的维护难度，不推荐这样做。

2.2　let

let 为 ES6 新增的关键字，用于声明块级作用域变量。代码如下：

```
let varname1 = value1;
//varname1 表示变量名；value1 表示变量的初始值
```

let 关键字的用法与 var 关键字的用法类似，但 let 声明的变量只在其声明的代码块内有效，即 let 受块级作用域的限制。

2.2.1　块级作用域

1. 块级作用域的定义

任何一对花括号中的语句组成一个块，在这个块中定义的所有变量在块外都不可见，称为块级作用域。

ES6 之前只存在全局作用域和函数作用域，var 在全局作用域下声明的变量在全局任何地方都可用；而在函数中声明的变量，只在函数中或函数包含的函数块中可用。

ES6 引入块级作用域，let 声明的变量只在其声明的块或子块中可用。代码如下：

```
function fn() {
    var x = 1;
    {
        var x = 2;                          //相同的变量 x
        console.log(x);
    }
    console.log(x);
}
fn();
//输出结果：
//2
//2

function fn2() {
    let x = 1;
    {
        let x = 2;                          //不同的变量 x
        console.log(x);
    }
    console.log(x);
}
fn2();
//输出结果：
//2
//1
```

2. 为什么需要块级作用域

当没有块级作用域时，会存在很多不合理的场景。

（1）内存变量可能会直接将外层变量覆盖掉。代码如下：

```
var str = 'abc';
function f() {
    console.log(str);
    if (false) {
        var str = 'hello world';
    }
}
f();                                    //输出: undefined
```

这段代码的原意是：if 代码块的外部使用全局的 str 变量，内部使用 if 代码块内的 str 变量。但是，由于变量提升，导致内层变量覆盖了外层变量，且值为 undefined。所以结果输出为 undefined。

（2）用于计数的循环变量泄露为全局变量。代码如下：

```
var arr = ['a','b','c','d','e'];
for (var i = 0;i < arr.length;i++) {
    console.log(arr[i]);                //输出: a b c d e
}
console.log(i);                         //输出: 5
```

上面的代码中，变量 i 只是用来控制循环的，但是当循环结束时，该变量泄露成了全局变量，并没有消失。

2.2.2　重复声明

let 语句不允许在相同的作用域内重复声明同一个变量，即使是先用 let 声明变量，再用 var 声明同一个变量，也是不允许的。代码如下：

```
//报错
    function test1() {
        let num = 10;
        var num = 1;
    }
//报错
    function test2() {
        let num = 10;
        let num = 1;
    }
```

在 switch 语句中只有一个代码块，若使用 let 声明变量，则可能会遇到重复声明的问题。具体实例代码如下：

```
let x = 1;
switch(x) {
    case 0:
        let y;
```

```
        break;
    case 1:
        let y;                      //重新声明语法错误
        break;
}
```

在上述代码中，出现了变量重复声明的错误。可以通过嵌套在 case 语句中的块来创建新的块作用域，就可以避免上述重复声明的错误。代码如下：

```
let x = 1;
switch(x) {
    case 0: {
        let y;
        break;
    }
    case 1: {
        let y;
        break;
    }
}
```

2.2.3　暂时性死区

通过 let 定义的变量必须先声明后才可以使用。若在变量初始化之前访问该变量，则会导致 ReferenceError 错误。在使用 let 命令声明变量之前，变量不能使用，语法上称为暂时性死区。代码如下：

```
//实例 1
if (true) {
    str = 'abc';                    //ReferenceError
    let str;
}
//实例 2
typeof x;                           //ReferenceError
let x;
//实例 3
var x = x;                          //不报错
let x = x;                          //报错
//实例 4
function foo(x = y,y = 3) {
    return [x,y];
}
foo();                              //报错，因为将 y 的值赋给 x 时，y 还未定义
```

在 let 命令中，不存在变量提升，变量在使用之前必须进行声明，否则发生错误。代码如下：

```
//let 命令
console.log(num);                   //报错 ReferenceError
let num = 2;
```

2.2.4　模拟私有成员

当处理构造函数时，可以通过使用 let 语句来创建一个或者多个私有成员，而不是采用闭包的形式。代码如下：

```
var Person;
{
    let scope = new WeakMap();
    let counter = 0;
    Person = function() {
        this.prop = 'anmial';
        scope.set(this,{
            num:++counter,
        });
    };
    Person.prototype.showPublic = function() {
        return this.prop;
    };
    Person.prototype.showPrivate = function() {
        return scope.get(this).num;
    };
}
console.log(typeof scope);              //输出: "undefined"
var person = new Person();
console.log(person);                    //输出: Person {prop:"anmial"}
onsole.log(person.showPublic());        //输出: anmial
console.log(person.showPrivate());      //输出: 1
```

上述代码也可以使用 var 语句创建相同模式的局部变量，但需要利用函数作用域来实现。

2.3　const

ES6 增加了一个定义常量的关键字 const，用于声明一个或多个只读常量。声明时必须初始化，初始化后变量所指向的内存地址不能再进行改动。对于如数值、字符串以及布尔值这些简单的数据，const 声明的变量的值保存在内存地址中，等同于常量，数据值不能变动。对于如对象和数组这些复合类型的数据，所定义的变量为内存地址，保存的是指向实际数据的指针。

1. const 声明简单类型的数据

const 声明的简单类型的数据（数值、字符串、布尔值）的具体代码如下：

```
const PI = 3.1415926;
console.log(PI);            //输出: 3.1415926
PI = 3.14;                  //报错: TypeError:Assignment to constant variable
//const 一旦声明变量，就必须立即初始化，不能留到以后赋值
```

```
const foo;                    //报错: SyntaxError:Missing initializer in const
declaration
```

const 定义的常量不能在其作用域内与其他变量或函数同名。代码如下：

```
function test() {
    console.log('hello world!');
}
const test = 'abc';           //报错: Uncaught SyntaxError
```

const 的作用域与 let 命令的作用域相同，都是块级作用域，只在声明所在的块级作用域内有效。代码如下：

```
//实例1
if (true) {
    const maxValue = 5;
    }
console.log(maxValue)        //报错: Uncaught ReferenceError:maxValue is not defined
//实例2
  if (true) {
console.log(maxValue);       //报错: Uncaught ReferenceError
const maxValue = 5;
}
```

与 let 命令一样，const 也不允许在相同的作用域内重复声明同一个变量，且同样存在暂时性死区。

2. const 声明常量数组

使用 const 声明数组常量时，可以更改常量数组里的元素，但不能重新给常量数组赋值，具体代码如下：

```
//创建常量数组：
const colors = ["red","yellow","green"];
//更改元素
colors[0] = "blue";
//添加元素
colors.push("purple");
//重新为数组常量赋值实例
const colors = ["red","yellow","green"];
colors = ["blue","purple","green"];                          //报错
```

3. const 声明常量对象

使用 const 声明常量对象时，可以更改常量对象里的属性，但不能重新给常量对象赋值，具体代码如下：

```
//const 声明对象
const car = {type:"Audi",model:"3",color:"silvery"};
//更改属性
```

```
car.color = "white";
//添加属性
car.owner = "lisa";
//重新为常量对象赋值
const car = {type:"Audi",model:"3",color:"silvery"};
car = {type:"Benz",model:"s550",color:"white"};        //报错
```

2.4 变量的解构赋值

解构赋值是对赋值运算符的扩展。它是 ES6 引入的一种针对数组或者对象进行模式匹配，然后对其中的变量进行赋值的方式。

2.4.1 数组的解构赋值

1. 基本用法

数组解构的基本模式如下：

```
let [a,b,c] = [1,2,3];
console.log(a);                          //输出：1
console.log(b);                          //输出：2
console.log(c);                          //输出：3
```

上述 let 语句中，赋值运算符"="的左侧数组模式和右侧数组模式相同，可对左侧数组中包含的变量 a、b、c 依次进行赋值。结果就是 a=1，b=2，c=3；也可以对嵌套数组进行解构赋值，代码如下：

```
let [a,[[b],c]] = [1,[[2],3]];
console.log(a);                          //输出：1
console.log(b);                          //输出：2
console.log(c);                          //输出：3
```

事实上，只要某种数据结构具有 Iterator 接口，都可以采用数组形式的解构赋值。代码如下：

```
let [x,y,z] = new Set(['a','b','c']);
console.log(x);                          //输出：a
console.log(y);                          //输出：b
console.log(z);                          //输出：c
```

2. 解构不成功

如果等号两边的模式相同，但是右边的值少一些，导致左侧的变量在右侧没有找到对应的值，即为解构不成功，此时没有对应值的变量的值就为 undefined。代码如下：

```
let [x,y,...,z] = ['a'];
console.log(x);                          //输出：a
console.log(y);                          //输出：undefined
```

```
console.log(z);                          //输出: Array(0)
```

3. 不完全解构

不完全解构是指等号两边模式相同，但是左边少变量，导致左侧的模式只能匹配一部分等号右侧的数组。此时，依然可以将已有的左侧的变量成功赋值。代码如下：

```
let [x,y] = [1,2,3];
console.log(x);                          //输出: 1
console.log(y);                          //输出: 2
let [a,[b,c],d] = [1,[2,3,4],5];
console.log(a);                          //输出: 1
console.log(b);                          //输出: 2
console.log(c);                          //输出: 3
console.log(d);                          //输出: 5
```

4. 解构默认值

数组的解构赋值允许指定默认值，代码如下：

```
let [val = false] = [];
console.log(val);                        //输出: false
let [x,y = 'b'] = ['a'];
console.log(x);                          //输出: a
console.log(y);                          //输出: b
let [z = 'a',w = 'b'] = [];
console.log(z);                          //输出: a
console.log(w);                          //输出: b
let [m,n = 'b'] = ['a',undefined];
console.log(m);                          //输出: a
console.log(n);                          //输出: b
```

当解构赋值对一个变量指定了默认值，等号右侧也有对应解构的值时，变量等于解构的值。但是，当等号右侧解构的值严格等于 undefined 时，变量等于默认值，代码如下：

```
let [a = 1,b = a] = [];                  //a=1;b=1
let [a = 1,b = a] = [2];                 //a=2;b=2
let [a = 1,b = a] = [1,2];               //a=1;b=2
let [a = b,y = 1] = [];                  //ReferenceError:b is not defined
let [a = 1] = [undefined];
console.log(a);                          //输出: 1
let [b = 1] = [null];
console.log(b);                          //输出: null
```

2.4.2 对象的解构赋值

1. 基本用法

对象的解构赋值是根据对象的属性名来匹配的，要求变量名与属性名保持一致，才会把属性值赋给此变量。代码如下：

```
let {str1,str2} = {str1:'aaa',str2:'bbb'};
console.log(str1);                          //输出: bbb
console.log(str2);                          //输出: aaa
```

如果想要赋值的变量名与对象的属性名不同，则可以通过如下方式赋值：

```
let {str1:str3} = {str1:'aaa'};
console.log(str3);                          //输出: aaa
console.log(str1);                          //报错: str1 is not defined
```

上述代码中，str1 是匹配的模式，str3 才是变量。真正被赋值的是变量 str3，而不是模式 str1。

也可以对对象进行嵌套赋值，代码如下：

【实例 1】
```
let obj = {
    p:[
        'Hello',
        {y:'World'}
    ]
};
let {p:[x,{y}]} = obj;
console.log(x);                             //输出:Hello
console.log(y);                             //输出:World
```
【实例 2】
```
let obj = {
    s:[
        'Hello',
        {y:'Destructuring'}
    ]
};
let {s,s:[x,{y}]} = obj;
console.log(x);                             //输出: Hello
console.log(y);                             //输出: Destructuring
console.log(s);                             //输出:["Hello",{y:"Destructuring"}]
```

实例 2 中，解构赋值等号左侧第一个 s 是变量名，通过匹配对象的属性名获取值。第二个 s 是匹配模式，可得到[x,{y}]=['Hello',{y:'Destructuring'}]，进而获取变量 x 和变量 y 的值。

2. 解构默认值

对象的解构赋值也允许指定默认值，默认值生效的条件与数组的解构赋值类似，需要对象的属性值严格等于 undefined。代码如下：

```
let {x = 1} = {};
console.log(x);                             //输出: 1
let {y,z = 2} = {y:1};
console.log(y);                             //输出: 1
console.log(z);                             //输出: 2
let {a:b = 3} = {};
```

```
console.log(b);                                    //输出: 3
let {message:msg = '信息错误'} = {};
console.log(msg);                                  //输出: 信息错误
let {m = 1} = {m:undefined};
console.log(m);                                    //输出: 1
let {n = 1} = {n:null};
console.log(n);                                    //输出: null
```

当将一个已经声明的变量用于解构赋值时, 需要将解构赋值语句放在圆括号里边。代码如下:

```
let x;
({x} = {x:1});
console.log(x);                                    //输出: 1
```

2.4.3　字符串的解构赋值

在字符串解构赋值过程中, 字符串被转换成了一个类似数组的对象, 从而进行解构。同时还可以对类数组对象的 length 属性进行解构。代码如下:

```
const [a,b,c,d,e] = 'hello';
console.log(a);                                    //输出: h
console.log(b);                                    //输出: e
console.log(c);                                    //输出: l
console.log(d);                                    //输出: l
console.log(e);                                    //输出: o
let {length:len} = 'hello';
console.log(len);                                  //输出: 5
```

2.4.4　数值和布尔值的解构赋值

解构赋值的规则是, 只要等号右边的值不是对象或数组, 就先将其转换为对象。由于 undefined 和 null 无法转换为对象, 所以无法对它们进行解构赋值, 否则会报错。代码如下:

```
let {toString:s} = 1234;
console.log(s === Number.prototype.toString);      //输出: true
let {toString:m} = false;
console.log(m === Boolean.prototype.toString);     //输出: true
let {prop:x} = undefined;                          //报错 Uncaught TypeError
let {prop:y} = null;                               //报错 Uncaught TypeError
```

2.4.5　函数参数的解构赋值

函数参数的解构赋值实际上就是对前面所讲的数组、对象、字符串等解构赋值的一种实际运用。代码如下:

```
function sum([x,y,z]) {
    return x+y+z;
```

```
}
console.log(sum([1,2,3]));                    //输出: 6
```

2.4.6 解构赋值的用途

解构赋值的用途很多，比如交换变量的值、从函数中返回多个值等。

1. 交换变量的值

代码如下：

```
let x = 1;
let y = 2;
[x,y] = [y,x];
console.log(x);                    //输出: 2
console.log(y);                    //输出: 1
```

2. 从函数中返回多个值

代码如下：

```
function test() {
    return [1,2,3];
}
let [a,b,c] = test();
console.log(a);                    //输出: 1
console.log(b);                    //输出: 2
console.log(c);                    //输出: 3
```

3. 提取 json 数据

代码如下：

```
let json = {"id":"1","name":'lisa',"sex":'girl',"score":"98"};
let {id,name,sex,score} = json;
console.log(id);                   //输出: 1
console.log(name);                 //输出: lisa
console.log(sex);                  //输出: girl
console.log(score);                //输出: 98
```

4. 遍历 Map 结构

代码如下：

```
const map = new Map();
map.set(1,'aaa');
map.set(2,'bbb');
for (let [key,value] of map) {
    console.log(key + "is" + value);
}
//输出:
//1 is aaa
//2 is bbb
```

【附件二】

　　为了方便你的学习,我们将该章中的相关附件上传到下面的二维码,你可以自行扫码查看。

第 3 章　数据类型

学习目标：

- 数据类型的判断；
- Undefined 类型；
- Null 类型；
- Boolean 类型；
- Number 类型；
- String 类型；
- Symbol 类型；
- BigInt 类型；
- Object 类型。

ECMAScript 共包含 8 种数据类型：7 种原始类型（也称基本数据类型），即 Boolean、Null、Undefined、Number、BigInt（ES10 新增）、String、Symbol（ES6 新增）；1 种复杂数据类型，即 Object。在 JavaScript 中，所有值最终都将是这 8 种数据类型之一。

3.1　数据类型的判断

3.1.1　typeof 操作符

typeof 操作符可用来检测变量的数据类型。

若一个值使用 typeof 操作符，则可能返回下列某个字符串。

（1）"undefined"：如果这个值未定义。

（2）"null"：如果这个值是空对象。

（3）"boolean"：如果这个值是布尔值。

（4）"number"：如果这个值是普通数值。

（5）"string"：如果这个值是字符串。

（6）"symbol"：如果这个值是 Symbol 值。

（7）"bigint"：如果这个值是 BigInt 值。

（8）"object"：如果这个值是对象。

使用 typeof 操作符检测数据类型的代码如下：

```
var str = "message!";
var num = 1;
console.log(typeof(str));                    //输出: string
console.log(typeof(num));                    //输出: number
```

注意，typeof 是一个操作符而不是函数，因此，typeof 后面可以加圆括号，也可以不加圆括号。

3.1.2　instanceof

instanceof 常用于判断实例对象是否属于某种类型的对象并返回对应的布尔值。代码如下:

```
let arr = ['red','green','yellow','blue'];
let date = new Date();
console.log(typeof arr);                     //输出: object
console.log(arr instanceof Array);           //输出: true
console.log(arr instanceof Object);          //输出: true
console.log(typeof date);                    //输出: object
console.log(date instanceof Date);           //输出: true
console.log(date instanceof Object);         //输出: true
```

从上述代码可以看到，arr 属于 Array 的实例对象，也属于 Object 的实例对象，这是由于继承关系导致的。因此，通常使用 instanceof 来简单判断是否存在实例关系，但是结果未必是我们所期望的。

3.1.3　constructor 属性

constructor 属性可以用来判断对象为某种类型的对象。代码如下:

```
let arr=['red','green','yellow','blue'];
let date=new Date();
console.log(arr.constructor===Array);        //输出: true
console.log(date.constructor===Date);        //输出: true
```

当对象重写其 prototype 属性时，可能会导致原有的 constructor 引用丢失，此时 constructor 属性会默认指向 Object。

3.1.4　Object.prototype.toString()方法

也可以利用 Object 原型上的 toString()方法来判断对象属于某种类型的对象。代码如下:

```
function Dog(name) {
    this.name = name;
}
function sayHello() {
    console.log('hello');
}
let dog1 = new Dog('Gabby');
let str = 'lisa';
let num = 13;
let Boolean = false;
let unde = undefined;
```

```
let emp = null;
let obj = {name:'lisa',age:12};
let arr = ['red','green','yellow','blue'];
let date = new Date();
console.log(Object.prototype.toString.call(dog1));      //输出: [object Object]
console.log(Object.prototype.toString.call(sayHello));  //输出: [object Function]
console.log(Object.prototype.toString.call(num));       //输出: [object Number]
console.log(Object.prototype.toString.call(boolean));   //输出: [object Boolean]
console.log(Object.prototype.toString.call(unde));      //输出: [object Undefined]
console.log(Object.prototype.toString.call(emp));       //输出: [object Null]
console.log(Object.prototype.toString.call(obj));       //输出: [object Object]
console.log(Object.prototype.toString.call(arr));       //输出: [object Array]
console.log(Object.prototype.toString.call(date));      //输出: [object Date]
```

3.2 Undefined 类型

Undefined 是未定义的意思,当声明了变量但未赋值时,变量的类型为 Undefined。代码如下:

```
var message;
console.log(typeof(message));                    //输出: undefined
console.log(message === undefined);              //输出: true
```

Undefined 是一个原始数据类型,表示原始值 undefined。除了出现在定义了变量但未赋值的情况下外,Undefined 还常出现在以下几种情况中。

(1)获取对象中不存在的属性。代码如下:

```
let student = {"name":"lisa","age":12};
console.log(student.sex);                        //输出: undefined
```

(2)函数需要传入实参,但是调用函数时没有传值,此时参数值为 undefined。代码如下:

```
function test(x) {
    console.log(x);
}
test();                                          //输出: undefined
```

(3)函数没有返回值时,默认返回 undefined。代码如下:

```
let test = function() {
    console.log('this is a test');
}
console.log(test());
//输出:
//this is a test
//undefined
```

(4)使用 void 操作符对表达式求值时,会返回 undefined。代码如下:

```
console.log(void console.log('this is a test'));
```

```
//输出:
//this is a test
//undefined
console.log(void 0);                           //输出: undefined
console.log(void null);                        //输出: undefined
console.log(void function test(){});           //输出: undefined
```

3.3　Null 类型

Null 是一个空对象指针,用于表示值是一个空对象,使用 typeof 操作符检测时会返回"object",代码如下:

```
var message = null;
console.log(typeof(message));                  //输出: object
```

null 经常会在获得的对象值为空时出现，代码如下：

```
const oDiv=document.querySelector('div');
const m = 'sky'.match(/[aeiou]/gi);
console.log(m);                                //输出: null
console.log(oDiv);                             //输出: null
```

由于 null 和 undefined 都表示一个变量为空值，所以 JavaScript 在比较它们的相等性时，会返回 true。但是，由于 null 和 undefined 是不同类型的数据，所以比较是否全等时返回 false。代码如下：

```
console.log(null == undefined);                //输出: true
console.log(null === undefined);               //输出: false
```

3.4　Boolean 类型

Boolean 类型包含两个值: true 和 false。它通常用来表示逻辑运算的结果，结果为真时返回 true，结果为假时返回 false。代码如下：

```
console.log(4 >= 1);                           //输出: true
console.log(true && false);                    //输出: false
console.log([] instanceof Array);              //输出: true
console.log(null == undefined);                //输出: true
console.log(null === undefined);               //输出: false
```

ECMAScript 中所有类型的值都可通过调用转型函数 Boolean() 转换为其对应的 Boolean 值。各种数据类型值转换为 Boolean 类型值的转换规则如表 3-1 所示。

表 3-1　转换规则列表

数据类型	转换为 true 的值	转换为 false 的值
Boolean	true	false
String	任何非空字符串	""（空字符串）
Number	任何非零数字值（包括无穷大）	0 和 NaN（参见后面 NaN 相关的内容）
Object	任何对象	null
Undefined	—	undefined
Symbol	任何 Symbol 值	无
BigInt	任何非零数字值	0n

实例代码如下：

实例 1：
```
var num2 = 10;
var num3 = NaN;
var num4 = Infinity;
var num5 = 0;
console.log(Boolean(num2));              //输出: true
console.log(Boolean(num3));              //输出: false
console.log(Boolean(num4));              //输出: true
console.log(Boolean(num5));              //输出: false
```
实例 2：
```
var obj1 = {};
var obj2 = null;
var obj3;//varboj3=undefined
console.log(Boolean(obj1));              //输出: true
console.log(Boolean(obj2));              //输出: false
console.log(Boolean(obj3));              //输出: false
```

使用布尔类型值时，要注意区分布尔值和布尔类型，代码如下：
```
var found = true;
console.log(typeof(found));              //输出: boolean
console.log(found);                      //输出: true
var lost = Boolean('');
console.log(lost);                       //输出: false
console.log(typeof(lost));               //输出: boolean
```

3.5　Number 类型

Number 类型使用 IEEE754 格式来表示整数和浮点数值。

为了支持各种数值类型，ECMA-262 定义了不同的数值字面量格式。

最基本的数值字面量格式是十进制整数。除了十进制外，整数还可以通过八进制（以 8 为基数）或十六进制（以 16 为基数）的字面量值来表示。其中，八进制字面量值的第一位必须是零（0），然后是八进制数字序列（0~7）。十六进制字面量值的前两位必须是 0x，后跟任意十六进制数字（0~9 及 A~F）。其中，字母 A~F 可以大写，也可以小写。ES6 提供了二进制数值和八进制数值的新写法，分别用前缀 0b（或 0B）和 0o（或 0O）表示。

1. 浮点数值

浮点数值类似于数学中的小数，包含小数点，且小数点后必须有数字。但是，JavaScript浮点数值小数点前面可以没有整数，我们不推荐这种写法。代码如下：

```
var floatNum1 = 1.01;
var floatNum2 = 0.01;
var floatNum3 = .01;                           //有效，但不推荐
```

浮点数值还可以用 e 表示法（即科学计数法）表示。e 表示法表示的数值等于 e 前面的数值乘以 10 的指数次幂。代码如下：

```
var floatNum = 1.124e7;                         //等于 11240000
```

ES6 提供了一个极小的常量值 Number.EPSILON，表示 1 与大于 1 的最小浮点数之间的差。EPSILON 属性的值接近于 2.2204460492503130808472633361816E−16，或者 2**−52。

Number.EPSILON 可以用来设置"能够接受的误差范围"。比如，误差范围设为 2**−50，如果两个浮点数的差小于这个值，就认为这两个浮点数相等。代码如下：

```
console.log(Number.EPSILON === Math.pow(2,-52));              //输出: true
console.log(5.551115123125783e-17<Number.EPSILON*Math.pow(2,2)); //输出: true
```

2. 数值范围

Number.MIN_VALUE 表示 ECMAScript 可以存储的最小值；Number.MAX_VALUE 表示ECMAScript 可以存储的最大值，在大多数浏览器中，这个值是 1.7976931348623157e+308。如果超出 ECMAScript 可存储数值范围的值，那么这个数值将被自动转换成 Infinity 值。

要想确定一个数值是不是有穷的，可以使用 isFinite()函数来判断，或者使用 ES6 提供的Number.isFinite()方法来判断。代码如下：

```
var result = Number.MAX_VALUE+Number.MAX_VALUE;
console.log(isFinite(result));                 //输出: false
console.log(Number.isFinite(result));          //输出: false
```

isFinite()函数和 Number.isFinite()方法的区别在于：全局的 isFinite()函数会先将检测值转换为 Number，然后再检测。Number.isFinite()方法则不会主动转换检测值，如果检测值不是 Number，则直接返回 false。代码如下：

```
console.log(isFinite('abc'));                  //输出: false
console.log(isFinite('123'));                  //输出: true
console.log(isFinite(true));                   //输出: true
```

```
console.log(isFinite(undefined));          //输出：false
console.log(Number.isFinite('abc'));        //输出：false
console.log(Number.isFinite('123'));        //输出：false
console.log(Number.isFinite(true));         //输出：false
console.log(Number.isFinite(undefined));    //输出：false
```

Number.NEGATIVE_INFINITY 和 Number.POSITIVE_INFINITY 常量分别保存着 Infinity（负无穷）值和 Infinity（正无穷）值。代码如下：

```
console.log(Number.NEGATIVE_INFINITY);      //输出：-Infinity
console.log(Number.POSITIVE_INFINITY);      //输出：Infinity
```

JavaScript 能够准确表示的整数范围在 -253 到 253 之间（不含两个端点）。ES6 引入了 Number.MAX_SAFE_INTEGER 和 Number.MIN_SAFE_INTEGER 这两个常量，用来表示这个范围的上下限，范围之内的为"安全整数"。Number.isSafeInteger()方法用来判断传入的参数值是否是一个"安全整数"。代码如下：

```
console.log(Number.isSafeInteger(3));                        //输出：true
console.log(Number.isSafeInteger(9007199254740992));         //输出：false
console.log(Number.isSafeInteger(Number.MIN_SAFE_INTEGER-1)); //输出：false
console.log(Number.isSafeInteger(Number.MIN_SAFE_INTEGER));  //输出：true
```

3. NaN

NaN 即非数值（not a number），是一个特殊的数值。

NaN 与任何数（包括它自己）的运算，运算结果都是 NaN。

NaN 与任何值都不相等，包括 NaN 本身。

可以使用 isNaN()方法来判断一个值是不是 NaN 值。ES6 提供的 Number.isNaN()方法也可以用来判断传入的参数是否严格等于 NaN。两者的区别在于：isNaN()方法会对传入的参数进行 Number()方法的隐式转换。Number.isNaN()方法只会对传入的参数进行直接判断。代码如下：

```
console.log(isNaN('测试'));              //输出：true
console.log(Number.isNaN('测试'));       //输出：false
```

4. 数值转换

传统的将其他数据类型的值转化为数值的方法有 Number()、parseInt()、parseFloat()。ES6 引入的 Number.parseInt()方法和 Number.parseFloat()方法也可以将非数值转换为数值，它们只是将全局的 parseInt()方法和 parseFloat()方法移植到 Number 对象上面，行为完全保持不变。

Number()方法的转换规则如下。

（1）如果是 Boolean 值，则 true 和 false 将分别被转换为 1 和 0。

（2）如果是数字值，则只是简单地传入和返回。

（3）如果是 null 值，则返回 0。

（4）如果是 undefined，则返回 NaN。

（5）如果是字符串，则应遵循下列规则。

①如果字符串中只包含数字（包括前面带正号或负号的情况），则将其转换为十进制数，即"1"会变成 1，"123"会变成 123，而"0123"会变成 123（注意：前导零被忽略了）。

②如果字符串中包含有效的浮点格式，如"1.1"，则将其转换为对应的浮点数（同样，也会忽略前导零）。

③如果字符串中包含有效的十六进制格式，例如"0xf"，则将其转换为相同大小的十进制整数。

④如果字符串是空的（不包含任何字符），则将其转换为 0。

⑤如果字符串中包含除上述格式之外的字符，则将其转换为 NaN。

（6）如果是对象，则调用对象的 valueOf()方法，然后依照前面的规则转换返回的值。如果转换的结果是 NaN，则调用对象的 toString()方法，然后再次依照前面的规则转换返回的字符串值。

代码如下：

```
console.log(Number(true).toString());                    //输出：1
console.log(Number(false).toString());                   //输出：0
console.log(Number(null).toString());                    //输出：0
console.log(Number(undefined).toString());               //输出：NaN
console.log(Number('hello world').toString());           //输出：NaN
console.log(Number('').toString());                      //输出：0
console.log(Number('000011').toString());                //输出：11
console.log(Number('123').toString());                   //输出：123
console.log(Number('0xf').toString());                   //输出：15
console.log(Number('11Hello').toString());               //输出：NaN
console.log(Number('Hello011').toString());              //输出：NaN
console.log(Number('H').toString());                     //输出：NaN
```

parseInt()函数可以解析一个字符串，并返回一个整数。它可接收两个参数：第一个参数表示将要转换的值，第二个参数表示要转化为具体进制的数值（可省略）。

parseInt()函数在转换字符串时，会忽略字符串前面的空格，直到找到第一个非空格字符。如果第一个字符不是数字或者负号，parseInt()就会返回 NaN，同样，使用 parseInt()转换空字符串也会返回 NaN。如果第一个字符是数字字符，则 parseInt()会继续解析第二个字符，直到解析完所有后续字符串或者遇到一个非数字字符。代码如下：

```
console.log(parseInt(true).toString());                  //输出：NaN
console.log(parseInt(false).toString());                 //输出：NaN
console.log(parseInt(null).toString());                  //输出：NaN
console.log(parseInt(undefined).toString());             //输出：NaN
```

```
console.log(parseInt('hello world').toString());        //输出: NaN
console.log(parseInt('').toString());                   //输出: NaN
console.log(parseInt('000011').toString());             //输出: 11
console.log(parseInt('011Hello').toString());           //输出: 11
console.log(parseInt('Hello011').toString());           //输出: NaN
```

parseFloat()函数可解析一个字符串，并返回一个浮点数。它只解析十进制，因此不存在第二个参数。与 parseInt()函数类似，parseFloat()函数也是从第一个字符（位置 0）开始解析字符串，一直解析到字符串末尾，或者解析到遇见一个无效的浮点数字符为止。对于 parseFloat()函数来说，字符串中的第一个小数点是有效的，第二个小数点就是无效的了。代码如下：

```
console.log(parseFloat("1234blue"));        //输出: 1234（整数）
console.log(parseFloat("0xA"));             //输出: 0
console.log(parseFloat("22.5"));            //输出: 22.5
console.log(parseFloat("22.34.5"));         //输出: 22.34
console.log(parseFloat("0908.5"));          //输出: 908.5
console.log(parseFloat("3.125e7"));         //输出: 31250000
```

3.6 String 类型

字符串是用来表示文本的一系列字符，可用单引号表示，如'John Doe',也可用双引号表示，如"John Doe"。ES6 新增了模板字符串，可以使用反引号来表示字符串，如`John Doe`。注意，表示字符串时，单引号开头的字符串必须单引号结尾，双引号开头的字符串必须双引号结尾，反引号也一样，且它们之间可以相互嵌套。代码如下：

```
let str1 = 'he says:"Today is a good day!"';
let str2 = "she says:'Nice to meet you!'";
let str3 = "he says:`Nice to meet you,too`";
let str4 = `she says:'good bay'`;
console.log(str1);              //输出: he says:"Today is a good day!"
console.log(str2);              //输出: she says:'Nice to meet you!'
console.log(str3);              //输出: he says:`Nice to meet you,too`
console.log(str4);              //输出: she says:'good bay'
```

1. 字符串拼接

+、+=运算符可用于对字符串进行拼接。如果操作数都是字符串，则将返回拼接后的字符串。如果操作数包含字符串和其他类型数据，则将按照运算符的优先级进行运算，最后返回字符串。代码如下：

```
var str1 = 'hello';
var str2 = 'world';
var num1 = 1;
var num2 = 2;
```

```
console.log(str1+str2);                    //输出：helloworld
console.log(num1+num2+str1);               //输出：3hello
console.log(str1+num1+num2);               //输出：hello12
```

2. 字符字面量

String 数据类型包含一些特殊的字符字面量，也叫转义序列，如表 3-2 所示。

表 3-2　转义序列

字面量	含义
\n	换行
\t	制表
\b	空格
\r	回车
\f	进纸
\\	斜杠
\'	单引号（'），在单引号表示的字符串中使用。例如，'He said,\'hey.\''
\"	双引号（"），在双引号表示的字符串中使用。例如，"He said,\"hey.\""
\xnn	以十六进制代码 nn 表示的一个字符（其中 n 为 0~F）。例如，\x41 表示"A"
\unnnn	以十六进制代码 nnnn 表示的一个 Unicode 字符（其中 n 为 0~F）。例如，\u03a3 表示希腊字符 Σ

其中，单纯的反斜杠表示转义字符，可以将特殊字符转换为字符串字符，如可用于转义撇号、换行、引号等特殊字符。代码如下：

```
var x='\'hello world\'';
console.log(x);                            //输出：'hello world'
```

JavaScript 支持 Unicode 表示法，允许采用\uxxxx 形式表示一个字符，其中 xxxx 表示字符的 Unicode 码点，这种表示法只限于码点在\u0000~\uFFFF 之间的字符。对于超出这个范围的字符，需要借助其他形式表示。ES6 对这一点做出了改进，对于码点超出范围的字符，只要将码点放入大括号，就能正确解读该字符。代码如下：

```
console.log("\u20BB7");                    //输出：ߦ7 码点超出范围，输出的是一个个错误解读
console.log("\u{20BB7}");                  //输出：𠮷
```

3. 模板字符串

ES6 引入的模板字符串是用反引号（`）来标识的，是增强版的字符串。模板字符串可以作为普通字符串使用，也可以用来定义多行字符串，或者在字符串中通过${}符号直接插入变量。具体代码如下：

```
var x = 66;
var y = 100;
```

```
console.log(`x=${++x},y=${x+y}`);               //输出: x=67,y=167
console.log(`No matter\`what you do,I trust you.`);
//输出: No matter` what you do,I trust you.
```

在模板字符串的基础上，ES6 新增了标签模板的概念。但是要注意，标签模板其实不是模板，而是函数调用的一种特殊形式。标签指的是函数，紧跟在后面的模板字符串是它的参数。函数会被调用来处理模板字符串，这就是标签模板的功能。

但是，如果模板字符里有变量，就不是简单的调用了，而是会将模板字符串先处理成多个参数，再调用函数。

代码如下：

```
function test(strings,...values){
    console.log(strings)
    console.log(values)
}
const str='well'
test`Everything is ${str}!`;               //输出: Everything is well!
```

标签模板有两个重要的应用：一个是过滤 HTML 字符串，防止用户输入恶意内容；另一个是用于多语言转换。

4. 转化字符串

将一个值转换成字符串有两种方法：toString()方法和 String()方法。

除 null 和 undefined 以外的所有值都有 toString()方法，都可调用该方法返回对应值的字符串。由于 Number 类型值可用二进制、八进制、十进制或十六进制格式表示，所以在调用 toString()方法时，可通过传递一个参数来表示被转换数值的进制。

String()函数可以将任何类型的值转换成字符串。String()函数有如下转换规则。

（1）如果值有 toString()方法，则调用该方法（没有参数）并返回相应的结果。

（2）如果值是 null，则返回"null"。

（3）如果值是 undefined，则返回"undefined"。

转化字符串的代码如下：

```
var found = true;
console.log(typeof(found));               //输出: boolean
console.log(found.toString());            //输出: true
var lost = Boolean('');
console.log(lost.toString());             //输出: false
console.log(typeof(lost));                //输出: boolean
console.log(String(10));                  //输出: 10
console.log(String(NaN));                 //输出: NaN
console.log(String(null));                //输出: null
```

```
console.log(String(undefined));          //输出: undefined
console.log(String(true));               //输出: true
console.log(String(Boolean(true)));      //输出: true
console.log(String(Number(true)));       //输出: 1
console.log(String(parseInt(true)));     //输出: NaN
```

3.7　Symbol 类型

1. 基本概念

ES6 引入了一种新的原始数据类型 Symbol，表示独一无二的值，它可以通过 Symbol() 函数生成。任意两个 Symbol 值都不相等。代码如下：

```
let sy1 = Symbol();
let sy2 = Symbol();
console.log(sy1 == sy2);                 //输出: false
```

上述代码中，sy1 和 sy2 的值表面上是一模一样的，但是它们却代表不同的值。在使用的过程中，为了方便区分不同的 Symbol 值，Symbol() 函数可以接受一个字符串作为参数，为新创建的 Symbol 提供功能。代码如下：

```
let sy = Symbol("color");
console.log(sy);                         //输出: Symbol("color")
console.log(typeof(sy));                 //输出: Symbol
//相同参数的 Symbol() 函数返回的值不相等
let sy3 = Symbol("color");
console.log(sy === sy3);                 //输出: false
```

Symbol 值可以转换为字符串、布尔值，不能转换为数值，代码如下：

```
let a = Symbol('a');
console.log(String(a));                  //输出: Symbol(a)
console.log(a.toString());               //输出: Symbol(a)
console.log(Boolean(a));                 //输出: true
console.log(Number(a));                  //报错: Uncaught TypeError
```

2. 作为属性名的 Symbol

Symbol 值通常用来定义对象的唯一属性名，这也是该数据类型存在的目的。代码如下：

```
let name = Symbol("name");
//写法 1
let person = {};
person[name] = "lisa";
console.log(person);                     //输出: {Symbol(name):"lisa"}
//写法 2
let person = {
    [name]:"lisa"
```

```
};
console.log(person);                          //输出：{Symbol(name):"lisa"}
//写法 3
let person = {};
Object.defineProperty(person,name,{value:"lisa"});
console.log(person);                          //输出：{Symbol(name):"lisa"}
```

Symbol 作为对象属性名时不能使用"."运算符，要使用"[ ]"。因为.运算符后面是字符串类型属性，所以获取的是字符串 sy 属性，而不是 Symbol 值 sy 属性。

注意：Symbol 值作为属性名时，该属性是公有属性而不是私有属性，可以在类的外部访问。

3. 属性名的遍历

在遍历对象的过程中，如果有 Symbol 作为对象的属性名，则 for...in、for...of、Object.keys()、Object.getOwnPropertyNames()、JSON.stringify()方法都无法获取 Symbol 属性名。代码如下：

```
const obj = {};
let a = Symbol('a');
let b = Symbol('b');
obj[a] = 'Hello';
obj[b] = 'World';
obj.name = 'lihua';
obj.sister = 'lisa';
obj.brother = 'tom';
for(key in obj) {
    console.log(key);
}
//输出：
//name
//sister
//brother
const re = Object.getOwnPropertyNames(obj);
console.log(re);                              //输出：["name","sister","brother"]
let str = JSON.stringify(obj);
console.log(str);                             //输出：
{"name":"lihua","sister":"lisa","brother":"tom"}
```

Object.getOwnPropertySymbols()方法可以获取对象的 Symbol 属性名。代码如下：

```
const obj = {};
let a = Symbol('a');
let b = Symbol('b');
obj[a] = 'Hello';
obj[b] = 'World';
obj.name = 'lihua';
obj.sister = 'lisa';
obj.brother = 'tom';
const objectSymbols = Object.getOwnPropertySymbols(obj);
console.log(objectSymbols);                   //输出：[Symbol(a),Symbol(b)]
```

Reflect.ownKeys()方法可获取对象所有类型的属性名，包括常规属性名和 Symbol 属性名。代码如下：

```
const obj = {};
let a = Symbol('a');
let b = Symbol('b');
obj[a] = 'Hello';
obj[b] = 'World';
obj.name = 'lihua';
obj.sister = 'lisa';
obj.brother = 'tom';
const propNames = Reflect.ownKeys(obj);
console.log(propNames);     //输出: ["name","sister","brother",Symbol(a),Symbol(b)]
```

注意：可以利用 Symbol 作为属性名时不能被常规遍历方法获取的特点，为对象定义一些非私有的、但又希望只用于内部的方法。

3.8　BigInt 类型

JavaScript 能够准确表示的整数范围在 -253 到 253 之间（不含两个端点）。对于超出这个范围的整数，JavaScript 无法精确表示，这让它不适合进行科学和金融方面的精确计算。ES2020 引入了一种新的数据类型 BigInt（大整数），可以解决此问题。BigInt 可以表示任意大的整数。任何位数的整数它都可以精确表示。用一个整数字面量后面加 n 的方式定义一个 BigInt，如 10n，或者调用函数 BigInt()。当然，BigInt 类型也支持二进制、八进制、十六进制的表示法。代码如下：

```
const a = 243432234343n;
const b = 534343212n;
//BigInt 可以保持精度
console.log(a*b);                       //输出: 130076362003175329716n
//普通整数无法保持精度
console.log(Number(a)*Number(b));       //输出: 130076362003175330000
0b1101n                                 //二进制
0o777n                                  //八进制
0xFFn                                   //十六进制
```

BigInt 是一种原始数据类型，使用 typeof 操作符会返回 BigInt。代码如下：

```
let x=123456n;
console.log(typeof(x));                 //输出: bigint
```

BigInt 类型在某些方面类似于 Number 类型，但是使用过程中要注意以下几点。

- BigInt 不能用于 Math 对象中的方法。
- BigInt 不能直接和任何 Number 实例混合运算，会报错。如果想要对两者进行运算，则必须转化为同一种数据类型。
- 在 BigInt 类型转换为 Number 类型时要小心，可能会丢失精度。

1. 运算

BigInt 类型在参与运算的过程中要注意以下几点。

（1）因为 BigInt 类型都是有符号的，所以>>>（无符号右移）不能用于 BigInt 类型中。除>>>（无符号右移）外，位操作都支持 BigInt 类型。

（2）为了兼容 asm.js，BigInt 类型不支持正号（+）运算符。

（3）BigInt 除法（/）运算会舍去小数部分，返回一个整数。

（4）BigInt 类型不能与 Number 类型进行混合运算。但是，比较运算符（如>）和相等运算符（==）允许 BigInt 类型与其他类型的值混合运算，因为这样做不会损失精度。

（5）BigInt 与字符串混合运算时，会先隐式转换为字符串，再进行运算。

代码如下：

```
console.log(9n/5n);            //输出: 1n
console.log(1n+1.3);           //报错:Uncaught TypeError
console.log(1n|0);             //报错:Uncaught TypeError
if (0n) {
    console.log('if');
} else {
    console.log('else');       //输出: else
}
console.log(0n < 1);           //输出: true
console.log(0n < true);        //输出: true
console.log(0n == 0);          //输出: true
console.log(0n == false);      //输出: true
console.log(0n === 0);         //输出: false
console.log('' + 123n);        //输出: 123
```

2. 转换

可以使用Boolean()、Number()和String()等方法将BigInt转换为布尔值、数值和字符串类型。另外，取反运算符（!）也可以将 BigInt 转换为布尔值。代码如下：

```
console.log(Boolean(0n));      //输出: false
console.log(Boolean(1n));      //输出: true
console.log(Number(1n));       //输出: 1
console.log(String(1n));       //输出: 1
console.log(!0n);              //输出: true
console.log(!1n);              //输出: false
```

也可以使用BigInt()方法将其他类型值转换为BigInt,转换规则基本与Number()方法的一致。BigInt()构造函数必须有参数，而且参数可以正常转换为数值，否则会报错。如果参数传入的为小数，也无法正常转换，则会报错。代码如下：

```
console.log(BigInt(1234));              //输出: 1234n
console.log(new BigInt());              //报错: TypeError
console.log(BigInt(undefined));         //报错: TypeError
console.log(BigInt(null));              //报错: TypeError
console.log(BigInt('1234n'));           //报错: SyntaxError
console.log(BigInt('abcd'));            //报错: SyntaxError
console.log(BigInt(1.3));               //报错: RangeError
console.log(BigInt('1.3'));             //报错: SyntaxError
```

对于二进制数组，BigInt 新增了两个类型 BigUint64Array 和 BigInt64Array，这两种数据类型返回的都是 64 位 BigInt。DataView 对象的实例方法 DataView.prototype.getBigInt64()和 DataView.prototype.getBigUint64()返回的也是 BigInt。

3.9　Object 类型

Object 指的是 JavaScript 中的对象，它是一种复杂数据类型。JavaScript 对象是拥有属性和方法的一类数据。

3.9.1　理解对象

1. 理解 JavaScript 对象

可对照生活中的对象理解 JavaScript 对象。比如生活中一辆车可作为一个对象，它有长度、宽度、颜色、品牌等属性，也有启动、停止等方法。JavaScript 中也是把拥有属性和方法的数据看作为对象。这对于"一切皆对象"这句话就不难理解了。

例如数组也是对象，它拥有 length 属性，push()、pop()等方法。可以通过属性去了解它，通过方法去操作它。代码如下：

```
var arr=[2,3,4];
console.log(arr.length);                //输出: 3
arr.push(5,6);
console.log(arr);                       //输出: [2,3,4,5,6]
arr.pop();
console.log(arr);                       //输出: [2,3,4,5]
```

函数也是对象，它拥有 name、length 等属性，apply()、bind()等方法。代码如下：

```
function sayHello(){
    console.log('hello');
}
console.log(sayHello.name);             //输出: sayHello
console.log(sayHello.length);           //输出: 0
```

原始数据类型有 String、Number、Boolean 等，它们没有属性和方法。它们是对象吗？原始数据类型本质上不是对象，但是它们可以调用对应基本包装类型的属性和方法。当原始数据类型调用属性或方法时，JavaScript 会通过基本包装类型创建其对应的对象，而在使用完毕后会销毁该对象。所以也可以将它们看作一种对象。代码如下：

```javascript
var str = "hello world";
console.log(str.length);               //输出：11
console.log(str.charAt(0));            //输出：h
```

JavaScript 还提供了其他特定类型的对象，如 Math 对象、RegExp 对象、Date 对象等。

2. 创建自定义对象

上面介绍的都是 JavaScript 中已存在的特定类型的对象，它们当然也支持自定义对象。

创建自定义对象的常用方法有三种。第一种是通过 new 操作符后加 Object()构造函数来创建。代码如下：

```javascript
var person1 = new Object();            //创建 person 对象
person1.name = "Lisa";                 //给 person 对象添加属性
person1.age = 29;                      //给 person 对象添加属性
person1.sayHi = function(){            //给 person 对象添加方法
    console.log('hi');
}
person1.sayHi();
```

第二种是通过对象字面量方式创建，代码如下：

```javascript
var person2 = {
    name:"Lisa",                       //属性
    age:29,                            //属性
    sayHi:function(){                  //方法
        console.log('hi');
    }
};
person2.sayHi();
```

第三种常用的方法是通过自定义构造函数或者类创建，然后通过 new 操作符后加构造函数或类来创建对象。这种创建方法将在第 7 章详细介绍。

3. 复制对象

原始数据类型的复制可以通过赋值运算符（＝）来实现。但是 Object 是引用类型，通过赋值运算符(＝)只能实现复制指向对象的指针，并不能达到克隆对象的目的。通过赋值运算符(＝)操作对象的代码如下：

```javascript
let obj1={name:'lisa',age:12,sex:'girl'};
let obj2=obj1;
obj2.name='lucy';
```

```
console.log(obj1.name);                    //输出：lucy
console.log(obj2.name);                    //输出：lucy
```

上述代码中，我们希望只修改 obj2 的 name 属性，而 obj1 的 name 属性不变。但是，通过等号赋值只能实现 obj2 和 obj1 指向同一个对象，因此修改 obj2 的 name 属性后，obj1.name 同步发生变化。

复制对象的常见方法有以下几种。

（1）通过对象的扩展运算符（…）实现对对象的复制。

对象的扩展运算符（…）用于取出参数对象的所有可遍历属性，并拷贝到当前对象中。代码如下：

```
let obj1 = {name:'lisa',age:12,sex:'girl'};
let obj2 = {…obj1};
obj2.name = 'lucy';
console.log(obj1.name);                    //输出：lisa
console.log(obj2.name);                    //输出：lucy
```

（2）Object.assign()方法也可用于复制对象。代码如下：

```
let obj1 = {name:'lisa',age:12,sex:'girl'};
let obj2 = Object.assign({},obj1);
obj2.name = 'lucy';
console.log(obj1.name);                    //输出：lisa
console.log(obj2.name);                    //输出：lucy
```

（3）借助 json 对象的 stringify()方法和 parse()方法也可以达到复制对象的目的。

扩展运算符和 Object.assign()方法复制对象只能做到浅拷贝，当对象里包含函数或对象时，无法做到完全复制。代码如下：

```
let person1 = {
    name:'lisa',
    age:12,
    family:{
        mother:'queen',
        father:'king',
        sister:'lucy',
        borther:'david'
    }
}
let person2 = {…person1};
person2.name = 'lucy';
person2.family.sister = 'lisa';
console.log(person1.name);                 //输出：lisa
console.log(person1.family.sister);        //输出：lisa
console.log(person2.name);                 //输出：lucy
console.log(person2.family.sister);        //输出：lisa
```

预期目标：person1.name 是 lisa，person1.family.sister 是 lucy，person2.name 是 lucy，person2.family.sister 是 lisa。从上述代码中可以看到，由于没有深度复制而无法达到预期。

通过 json 对象的 stringify()方法和 parse()方法可以达到深度复制，代码如下：

```
let person1 = {
    name:'lisa',
    age:12,
    family:{
        mother:'queen',
        father:'king',
        sister:'lucy',
        borther:'david'
    }
}
let person2 = JSON.parse(JSON.stringify(person1));
person2.name = 'lucy';
person2.family.sister = 'lisa';
console.log(person1.name);              //输出：lisa
console.log(person1.family.sister);     //输出：lucy
console.log(person2.name);              //输出：lucy
console.log(person2.family.sister);     //输出：lisa
```

json 对象方法实现深度复制存在一些缺陷，比如，由于函数无法序列化函数、以 Symbol 值为属性名的属性会丢失等，所以使用过程中需谨慎。

3.9.2 对象属性的操作

1. 访问对象属性

（1）JavaScript 可通过点表示法访问对象的属性，即对象名后跟一个点操作符，然后跟上属性名即可访问对象对应的属性。代码如下：

```
var person2 = {
    name:"Lisa",            //属性
    age:29,                 //属性
    sayHi:function() {      //方法
        console.log('hi');
    }
};
console.log(person2.name);  //输出：Lisa
```

（2）在 JavaScript 中，也可以使用方括号表示法访问对象的属性。当使用方括号表示法时，需要将访问的属性以字符串的形式放在方括号里。代码如下：

```
console.log(person2['age']);    //输出：29
```

（3）调用对象的方法只能使用点表示法，且方法一般都是函数，函数名后需要加小括号"()"

来调用，代码如下：

```
person2.sayHi();                        //输出: hi
```

2. 修改对象属性

通过对访问到的属性值进行修改，即可修改对象属性值。代码如下：

```
let student = {
    'name':'lisa',
    'age':12
}
student.age = 15;
student.sex = 'girl';
console.log(student);                    //输出: {name:"lisa",age:15,sex:"girl"}
```

3. 删除对象属性

对象属性的删除可通过 delete 操作符来实现。delete 操作符可删除对象属性，并返回是否删除成功的布尔值。代码如下：

```
let student = {
    'name':'lisa',
    'age':12
}
student.age = 15;
student.sex = 'girl';
console.log(student);                    //输出: {name:"lisa",age:15,sex:"girl"}
console.log(delete student.sex);         //输出: true
console.log(student);                    //输出: {name:"lisa",age:15}
```

4. 属性判断

JavaScript 提供了 in 操作符，可用来判断属性是否属于某个对象，并返回对应的布尔值。代码如下：

```
let student = {
    'name':'lisa',
    'age':12
}
console.log('name' in student);          //输出: true
console.log('age' in student);           //输出: true
console.log('sex' in student);           //输出: false
```

5. console.dir()方法

console.dir()方法可以在控制台显示出指定对象的所有属性和方法。代码如下：

```
console.dir(Object.prototype);
```

console.dir()输出 Object 原型对象属性和方法的效果如图 3-1 所示。

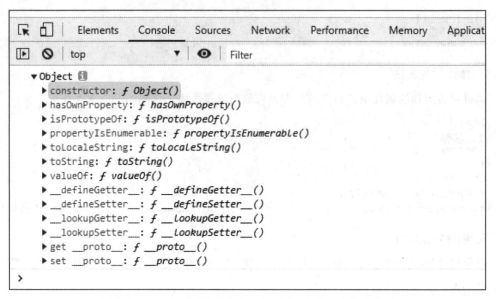

图 3-1　console.dir()输出 Object 原型对象属性和方法的效果

3.9.3　对象的扩展

1. 属性的简洁表示法

为了更好、更清晰地显示对象，ES6 提供了属性的简洁表示法，允许直接写入变量和函数，作为对象的属性和方法。

在对象中直接写入变量后，属性名为变量名，属性值为变量的值。代码如下：

```
//实例1
const name = 'lisa';
const obj = {name};
console.log(obj);                          //输出：{name:"lisa"}
//等同于
var obj={name:name};
//实例2:
function f(x,y) {
    return {x,y};
}
//等同于
function f(x,y) {
    return {x:x,y:y};
}
console.log(f(1,2));                        //输出：{x:1,y:2}
```

对象的方法可以简写，代码如下：

```
var obj={
    sayHello() {
        console.log('hello world!');
    }
};
```

```
//等同于
var obj = {
    sayHello:function() {
        console.log('hello world!');
    }
};
```

2. 属性名表达式

使用字面量方法定义对象时，ES6 支持用表达式作为对象的属性名和方法名，此时需要把表达式放在方括号内。代码如下：

```
//实例 1
let obj = {
    };
obj['a'+'bc']=123;
```

```
//实例 2
let prop='name';
let obj = {
    [prop]:'lisa',
    ['a' + 'bc']:123
};
```

```
//实例 3
let obj = {
    ['h' + 'ello']() {
        return 'hello world!';
    }
};
console.log(obj.hello());                //输出：hello world!
```

使用表达式作为属性名或方法名时，有以下两点需要注意。

（1）对象的属性名表达式与简洁表示法不可以同时使用，否则会报错。

（2）当对象的属性名表达式为一个对象时，默认情况下会自动将对象转换为字符串[object Object]，这一点要特别注意。

3. 方法的 name 属性

对象方法也是函数，也有 name 属性。通常情况下，当方法为非匿名函数时，name 属性值为函数名；当方法为匿名函数时，name 属性值为方法名。代码如下：

```
let obj = {
    name:'lisa',
    sex:'girl',
    sayHello:function() {
        console.log('hello world!');
    }
}
console.log(obj.sayHello.name);          //输出：sayHello
```

但是，当对象的方法是一个 Symbol 值时，name 属性返回的是这个 Symbol 值的描述。代码如下：

```
const methods1 = Symbol('description1');
const methods2 = Symbol('description2');
let obj = {
    [methods1]() {},
    [methods2]() {},
};
console.log(obj[methods1].name);          //输出: [description1]
console.log(obj[methods2].name);          //输出: [description2]
```

4. 属性的可枚举和遍历

对象的属性有一个[[Enumerable]]特性，通常称它为可枚举性。如果该属性为 false，就表示某些操作会忽略当前属性。目前，有 4 个操作会忽略 enumerable 为 false 的属性。

（1）for…in 循环：只遍历对象自身的和继承的可枚举属性。

（2）Object.keys()：返回对象自身的所有可枚举属性的键名。

（3）JSON.stringify()：只串行化对象自身的可枚举属性。

（4）Object.assign()：忽略 enumerable 为 false 的属性，只拷贝对象自身的可枚举属性。

比如，对象原型上的 toString()方法和数组的 length 属性的 enumerable 为 false，虽然无法被 for…in 循环遍历到，但这种结果通常也是我们期望的。代码如下：

```
var des1=Object.getOwnPropertyDescriptor(Object.prototype,'toString').enumerable;
console.log(des1);                         //输出: false
var des2=Object.getOwnPropertyDescriptor([],'length').enumerable
console.log(des2);                         //输出: false
```

ES6 一共有 5 种方法可以遍历对象的属性。

（1）for…in：循环遍历对象自身的和继承的可枚举属性（不包含 Symbol 属性）。

（2）Object.keys(obj)：返回一个数组，包含对象自身的（不包含继承的）所有可枚举属性（不包含 Symbol 属性）的键名。

（3）Object.getOwnPropertyNames(obj)：返回一个数组，包含对象自身的所有属性（不包含 Symbol 属性，但是包含不可枚举属性）的键名。

（4）Object.getOwnPropertySymbols(obj)：返回一个数组，包含对象自身的所有 Symbol 属性的键名。

（5）Reflect.ownKeys(obj)：返回一个数组，包含对象自身的（不包含继承的）所有键名，不管键名是 Symbol 或字符串，也不管是否可枚举。

以上 5 种方法遍历对象的键名，都遵守同样的属性遍历的次序规则。

（1）遍历所有数值键，按照数值升序排列。

（2）遍历所有字符串键，按照加入时间升序排列。

（3）遍历所有 Symbol 键，按照加入时间升序排列。

代码如下：

```
var keys=Reflect.ownKeys({[Symbol('num')]:0,n:0,5:0,7:0,c:0});
console.log(keys);              //输出：["5","7","n","c",Symbol(num)]
```

5. super 关键字

我们知道，this 关键字总是指向函数所在的当前对象，ES6 又新增了另一个类似的关键字 super，指向当前对象的原型对象。代码如下：

```
const proto = {
    name:'lisa'
};
const obj = {
    name:'tom',
    find() {
        return super.name;
    }
};
Object.setPrototypeOf(obj,proto);
console.log(obj.find());           //输出：lisa
```

【附件三】

为了方便你的学习，我们将该章中的相关附件上传到下面的二维码，你可以自行扫码查看。

第4章 操作符

学习目标：

- 算术操作符；
- 比较操作符；
- 逻辑操作符；
- 赋值操作符；
- 位操作符；
- 其他操作符；
- 操作符优先级。

ECMAScript 规定了一组用于操作数据值的操作符，也可以称为运算符。运算符包括算术操作符、比较操作符、逻辑操作符等。JavaScript 的特别之处在于它适用于很多类型的值，且可以根据一定的规则进行相应的数据转换。

4.1 算术操作符

算术操作符包括乘性操作符、加性操作符和指数操作符。

4.1.1 乘性操作符

ECMAScript 定义了 3 个乘性操作符：乘法、除法和求模。它们会在操作数为非数值的情况下执行自动的类型转换。比如：参与乘性计算的某个操作数不是数值，后台会先使用 Number() 转型函数将其转换为数值。也就是说，空字符串将被当作 0，布尔值 true 将被当作 1。

1. 乘法

乘法操作符由一个星号（*）表示，用于计算两个数值的乘积。在处理特殊值的情况下，乘法操作符遵循下列规则：

（1）如果操作数都是 Number 类型数值，则执行常规的乘法计算，即两个正数或两个负数相乘的结果还是正数；如果只有一个操作数有符号，那么结果就是负数。如果乘积超过了

ECMAScript 数值的表示范围，则返回 Infinity 或−Infinity。

（2）如果有一个操作数是 NaN，则结果是 NaN。

（3）如果是 Infinity 与 0 相乘，则结果是 NaN。

（4）如果是 Infinity 与非 0 数值相乘，则结果是 Infinity 或−Infinity，取决于有符号操作数的符号。

（5）如果是 Infinity 与 Infinity 相乘，则结果是 Infinity。

（6）如果有一个操作数不是数值，则在后台调用 Number()将其转换为数值，然后再应用上面的规则。

（7）如果操作数都是 BigInt 类型，则执行常规的乘法计算，BigInt 不能与普通数值混合运算，否则会报错。

代码如下：

```
console.log(5*5);                        //输出: 25
console.log(NaN*true);                   //输出: NaN
console.log(Infinity*0);                 //输出: NaN
console.log(Infinity*Infinity);          //输出: Infinity
console.log(Infinity*-5);                //输出: -Infinity
console.log(5*undefined);                //输出: NaN
console.log(5*Number(undefined));        //输出: NaN
console.log(5*Boolean(undefined));       //输出: 0
console.log(Infinity*Boolean('undefined')); //输出: Infinity
```

2. 除法

除法操作符由一个斜线符号（/）表示，执行第二个操作数除第一个操作数的计算。在处理特殊值的情况下，除法操作符应遵循下列规则。

（1）如果操作数都是数值，则执行常规的除法计算，即两个正数或两个负数相除的结果还是正数；如果只有一个操作数有符号，那么结果就是负数。如果商超过了 ECMAScript 数值的表示范围，则返回 Infinity 或−Infinity。

（2）如果有一个操作数是 NaN，则结果是 NaN。

（3）如果是 Infinity 被 Infinity 除，则结果是 NaN。

（4）如果是零被零除，则结果是 NaN。

（5）如果是非零的有限数被零除，则结果是 Infinity 或−Infinity，取决于有符号操作数的符号。

（6）如果是 Infinity 被任何非零数值除，则结果是 Infinity 或−Infinity，取决于有符号操作数的符号。

（7）如果有一个操作数不是数值，则先在后台调用 Number()函数将其转换为数值，然后再应用上面的规则。

（8）如果操作数都是 BigInt，除法运算会舍去小数部分，返回一个整数。

代码如下：

```
console.log(Infinity/Infinity);          //输出：NaN
console.log(0/0);                        //输出：NaN
console.log(5/0);                        //输出：Infinity
console.log(-5/0);                       //输出：-Infinity
console.log(Infinity/5);                 //输出：Infinity
console.log(NaN/5);                      //输出：NaN
console.log(25/'5');                     //输出：5
console.log(25/'a5');                    //输出：NaN
```

3. 求模

求模（余数）操作符由一个百分号（%）表示，用来求取执行第二个操作数除第一个操作数的余数。在处理特殊值的情况下，求模操作符应遵循下列规则。

（1）如果操作数都是数值，则执行常规的除法计算，返回除得的余数。

（2）如果被除数是无穷大值而除数是有限大的数值，则结果是 NaN。

（3）如果被除数是有限大的数值而除数是零，则结果是 NaN。

（4）如果是 Infinity 被 Infinity 除，则结果是 NaN。

（5）如果被除数是有限大的数值而除数是无穷大的数值，则结果是被除数。

（6）如果被除数是零，则结果是零。

（7）如果有一个操作数不是数值，则先在后台调用 Number()函数将其转换为数值，然后再应用上面的规则。

代码如下：

```
console.log(26%5);                       //输出：1
console.log(Infinity%5);                 //输出：NaN
console.log(5%0);                        //输出：NaN
console.log(Infinity%Infinity);          //输出：NaN
console.log(25%Infinity);                //输出：25
console.log(0%Infinity);                 //输出：0
console.log(0/5);                        //输出：0
console.log(NaN%NaN);                    //输出：NaN
console.log(5%'25');                     //输出：5
```

4.1.2　加性操作符

加性操作符包括加法和减法。与数学中的加法和减法类似，但是它们也有一些特殊的规则。

1. 加法

在两个操作数都是数值的情况下，则执行常规的加法运算。在处理特殊值的情况下，根据下列规则返回结果。

（1）如果有一个操作数是 NaN，则结果是 NaN。

（2）如果操作数是 Infinity 加 Infinity，则结果是 Infinity。

（3）如果操作数是−Infinity 加−Infinity，则结果是−Infinity。

（4）如果操作数是 Infinity 加−Infinity，则结果是 NaN。

（5）如果操作数是+0 加+0，则结果是+0。

（6）如果操作数是 0 加 0，则结果是 0。

（7）如果操作数是+0 加 0，则结果是+0。

在两个操作数都是字符串的情况下，加法执行把第二个操作数和第一个操作数拼接起来的功能。

在只有一个操作数为字符串的情况下，将另一个操作数通过隐式调用 toSting()或 String()方法转换为字符串，然后将两个操作数拼接起来。

代码如下：

```
console.log(Infinity+Infinity);                        //输出：Infinity
console.log(-Infinity+Infinity);                       //输出：NaN
console.log((+0)+(+0));                                //输出：0
console.log((-0)+(-0));                                //输出：-0
console.log(+0+(-0));                                  //输出：0
console.log(('123'+'456')+typeof('123'+'456'));        //输出：123456string
console.log(('123'+456)+typeof('123'+456));            //输出：123456string
console.log(typeof('123456'));                         //输出：string
console.log(typeof('123'+456));                        //输出：string
```

2. 减法

减法操作符是两个操作数相减，结果是它们的差值。在处理特殊值的情况下，减法操作符应遵循下列规则。

（1）如果有一个操作数是 NaN，则结果是 NaN。

（2）如果操作数是 Infinity 减 Infinity，则结果是 NaN。

（3）如果操作数是−Infinity 减−Infinity，则结果是 NaN。

（4）如果操作数是 Infinity 减−Infinity，则结果是 Infinity。

（5）如果操作数是−Infinity 减 Infinity，则结果是−Infinity。

（6）如果操作数是+0 减+0，则结果是+0。

（7）如果操作数是+0 减 0，则结果是 0。

（8）如果操作数是 0 减 0，则结果是+0。

（9）如果有一个操作数是字符串、布尔值、null 或 undefined，则先在后台调用 Number()
函数将其转换为数值，然后再根据前面的规则执行减法计算。

（10）如果有一个操作数是对象，则调用对象的 valueOf()方法以取得表示该对象的数值。
如果得到的值是 NaN，则减法的结果就是 NaN。如果对象没有 valueOf()方法，则调用其 toString()
方法并将得到的字符串转换为数值。

代码如下：

```
varo = {
    'name':'liming',
    'age':10,
    valueOf:function() {return this.age;}
};
console.log(Infinity-Infinity);          //输出：NaN
console.log(-Infinity-Infinity);         //输出：-Infinity
console.log(false-1);                    //输出：-1
console.log(Number(false)-1);            //输出：-1
console.log(Number(undefined)-1);        //输出：NaN
console.log(o-1);                        //输出：9
console.log('o'-1);                      //输出：NaN
```

4.1.3　指数操作符

ES7 新增了指数操作符（＊＊），也叫幂操作符。幂操作符的第一个操作数作为底数，第二个
操作数作为指数的乘方。这个操作符的一个特点是右结合，而不是常见的左结合。多个指数操
作符连用时，是从最右边开始计算的。具体代码如下：

```
console.log(2 ** 2);                     //输出：4
console.log(2 ** 3);                     //输出：8
//下面的幂运算相当于2 ** (3 ** 2)
console.log(2 ** 3 ** 2);                //输出：512
```

4.2　比较操作符

ECMAScript 提供了两组相等操作符：相等和不相等（属于转换类型比较操作符），全等和
不全等（属于严格比较操作符）。

4.2.1　相等操作符

相等操作符（==）和不相等操作符（!=）都会先转换操作数（通常称为强制转型），然后再比较它们的相等性。在进行比较的过程中，应遵循下列基本规则。

（1）如果有一个操作数是布尔值，则在比较相等性之前将其转换为数值。

（2）如果一个操作数是字符串，另一个操作数是数值，则在比较之前先将字符串转换为数值。

（3）如果一个操作数是对象，另一个操作数不是，则调用对象的 valueOf()方法，用得到的基本类型值按照前面的规则进行比较。

（4）如果有一个操作数是 NaN，无论另一个操作数是什么，相等操作符都返回 false；不相等操作符返回 true。

（5）如果两个操作数都是对象，则比较它们是不是同一个对象。如果指向同一个对象，则相等操作符返回 true。

（6）在比较相等性之前，不能将 null 和 undefined 转换成其他值。

（7）null 和 undefined 是相等的。

代码如下：

```
var o = {
    'name':'liming',
    'age':10,
    valueOf:function() {return this.age;}
};
var o2 = {valueOf:function() {return 2;}};
var o3 = o;
console.log(1==true);                    //输出: true
console.log('1'==1);                     //输出: true
console.log('a'==1);                     //输出: false
console.log('a'!=1);                     //输出: true
console.log(o==10);                      //输出: true
console.log(o==5);                       //输出: false
console.log(null==undefined);            //输出: true
console.log(NaN==1);                     //输出: false
console.log(NaN==NaN);                   //输出: false
console.log(NaN!=NaN);                   //输出: true
console.log(o==o);                       //输出: true
console.log(o==o2);                      //输出: false
console.log(o==o3);                      //输出: true
```

全等操作符（===）执行严格比较，仅当两个操作数的类型相同且值相等才返回 true。全等操作符（===）和不全等（!==）操作符除了在比较之前不转换操作数外，与相等操作符和不相等操作符没有什么区别。代码如下：

```
var o = {
    'name':'liming',
    'age':10,
    valueOf:function() {return this.age;}
};
var o2 = {valueOf:function() {return 2;}};
var o3 = o;
console.log(1 === true);                    //输出: false
console.log('1' === 1);                     //输出: false
console.log('a' === 1);                     //输出: false
console.log('a' !== 1);                     //输出: true
console.log(o === 10);                      //输出: false
console.log(o === 5);                       //输出: false
console.log(null === undefined);            //输出: false
console.log(NaN === 1);                     //输出: false
console.log(NaN === NaN);                   //输出: false
console.log(NaN! == NaN);                   //输出: true
console.log(o === o);                       //输出: true
console.log(o === o2);                      //输出: false
console.log((o === o3).toString());         //输出: true
```

4.2.2　关系操作符

关系操作符包含小于（<）、大于（>）、小于等于（<=）、大于等于（>=）、in 和 instanceof。

<、>、<=、>=这 4 个操作符用于对 2 个值进行比较，比较的规则与数学上的数字大小比较的规则一样。但是当操作数使用了非数值时，应遵循以下规则进行比较。

（1）如果两个操作数都是字符串，则比较两个字符串对应的字符编码值。

（2）如果一个操作数是数值，则将另一个操作数转换为一个数值，然后进行数值比较。

（3）如果一个操作数是对象，则调用这个对象的 valueOf()方法，用得到的结果按照前面的规则进行比较。如果对象没有 valueOf()方法，则调用 toString()方法，并用得到的结果根据前面的规则进行比较。

（4）如果一个操作数是布尔值，则先将其转换为数值，然后再进行比较。

（5）如果一个操作数是 NaN，则结果都为 false。

代码如下：

```
console.log(5 < 3);                         //输出: false
console.log('abc' > 'bce');                 //输出: false
console.log('abc' > 'abcd');                //输出: false
console.log(500 > '23Hello');               //输出: false
console.log(500 < '23Hello');               //输出: false
```

```
console.log(500 > NaN);                              //输出：false
console.log('a' > 3);                                //输出：false
console.log(NaN > 3);                                //输出：false
console.log(Number('23Hello'));                      //输出：NaN
console.log(500 > Number('23Hello'));                //输出：false
console.log(1 > false);                              //输出：true
```

in 操作符用来判断某个属性是否属于某个对象，可以是对象的直接属性，也可以是通过 prototype 继承的属性。代码如下：

```
//数组
var colors = new Array("red","blue","green","yellow","white");
console.log(0 in colors);            //输出：true
console.log(2 in colors);            //输出：true
console.log(6 in colors);            //输出：false
console.log("green" in colors);      //输出：false(必须使用索引号，而不是数组元素的值)
console.log("length" in colors);     //输出：true(length 是一个数组属性)
console.log(Symbol.iterator in colors); //输出：true(数组可迭代,只在 ES2015+上有效)
//内置对象
console.log("PI" in Math);           //输出：true
//自定义对象
var mycar = {make:"Bologna",model:"maserati",year:1989};
console.log("make" in mycar);        //输出：true
console.log("model" in mycar);       //输出：true
```

instanceof 操作符用于检测构造函数的 prototype 属性是否出现在某个实例对象的原型链上。实际操作中，我们经常使用 instanceof 判断一个实例对象是否属于某种类型，instanceof 也可以在继承关系中用来判断一个实例是否属于它的父类型。代码如下：

```
var strObject = new String("hello world!");
console.log(strObject instanceof String);     //输出：true
function Foo(){}
var foo = new Foo();
console.log(foo instanceof Foo);              //输出：true
```

4.3 逻辑操作符

逻辑操作符包括逻辑非、逻辑与和逻辑或。

4.3.1 逻辑非

用!来表示逻辑非，即 not。逻辑非操作符应遵循如表 4-1 所示的规则。

表 4-1　逻辑非操作符应遵循的规则

操作数	返回值
Object	false
' '	true
String（非空字符串）	false
0	true
任意非 0 数值（包括 Infinity）	false
null	true
NaN	true
undefined	true

代码如下：

```
console.log(!true);                    //输出：false
console.log(!"green");                 //输出：false
console.log(!0);                       //输出：true
console.log(!NaN);                     //输出：true
console.log(!"");                      //输出：true
console.log(!123456);                  //输出：false
```

4.3.2　逻辑与

用&&来表示逻辑与，即 and。它有两个操作数，只有在两个操作数都为 true 时才会返回 true。

逻辑与并不是只能返回 true 或 false。在有一个操作数不是布尔值的情况下，逻辑与操作可能返回其他值，此时，它应遵循如表 4-2 所示的规则。

表 4-2　逻辑与操作符应遵循的规则

第一个操作数（A）	第二个操作数（B）	结果
Object	B	B
值为 true	Object	B
Object	Object	B
或 null	或 null	null
或 NaN	或 NaN	NaN
或 undefined	或 undefined	undefined

代码如下：

```
var o = {
    'name':'liming',
    'age':10,
    valueOf:function() {return this.age;}
};
var o2 = {valueOf:function() {return 2;}};
console.log(NaN && true);              //输出：NaN
console.log(5 && undefined);           //输出：undefined
```

```
console.log(5 && null);                            //输出: null
console.log(null && NaN);                          //输出: null
console.log(NaN && null);                          //输出: NaN
console.log(o && false);                           //输出: false
console.log("true && o:" + (true && o));           //输出: 10
console.log(false && o);                           //输出: false
console.log("o && o2:" + (o && o2));               //输出: 2
console.log(5 && Boolean(undefined));              //输出: false
console.log(Infinity && Boolean('undefined'));     //输出: true
```

逻辑与操作符属于短路操作符，当第一个操作数返回 false 时，就不会再对第二个操作数进行判断，直接返回 false。

4.3.3　逻辑或

用||来表示逻辑或，即 or。它有两个操作数，只有在两个操作数都为 false 时返回 false。

与逻辑与操作符相似，如果有一个操作数不是布尔值，逻辑或可能返回布尔值以外的其他值，此时，它应遵循如表 4-3 所示的规则。

表 4-3　逻辑或操作符应遵循的规则

第一个操作数（A）	第二个操作数（B）	结果
Object	B	A
值为 false	B	B
Object	Object	A
null	null	null
NaN	NaN	NaN
undefined	undefined	undefined

代码如下：

```
var o = {
    'name':'liming',
    'age':10,
    valueOf:function() {return this.age;}
};
var o2 = {valueOf:function() {return 2;}};
console.log('o || NaN:'+(o||NaN));                 //输出: 10
console.log('false || o:' + (false||o));           //输出: 10
console.log(true || o);                            //输出: true
console.log(NaN || true);                          //输出: true
console.log(NaN || null);                          //输出: null
console.log(null || NaN);                          //输出: NaN
console.log(5 || undefined);                       //输出: 5
```

```
console.log(5 || (undefined));                    //输出：5
console.log(Infinity || Boolean('undefined'));    //输出：Infinity
```

同逻辑与操作符相似，逻辑或操作符也是短路操作符。也就是说，如果第一个操作数的求值结果为 true，就不会对第二个操作数求值了。

4.3.4　null 判断操作符

读取对象属性的时候，如果读取到属性的值是 null 或 undefined，则需要为它们指定默认值。常见做法是通过||操作符指定默认值。代码如下：

```
const text = document.querySelector('p').textContent || 'Hello world!';
const oImg = document.querySelector('img').src || 'this is null';
const animationDuration = response.settings.animationDuration || 300;
```

上述代码可以实现当读取的值为 null 或 undefined 时，默认值生效，但是，当读取的值为空字符串或 false 或 0 时，默认值也会生效，这就不能完全满足开发者的意图。

ES2020 引入了一个新的 null 判断操作符（??）。它可以实现只有当操作符左侧的值为 null 或 undefined 时，才会返回右侧的值。代码如下：

```
const text = document.querySelector('p').textContent ?? 'Hello world!';
const oImg = document.querySelector('img').src ?? 'this is null';
const animationDuration = response.settings.animationDuration ?? 300;
```

??是一个逻辑操作符，当左侧的操作数为 null 或者 undefined 时，返回其右侧操作数，否则返回左侧操作数。语法如下：

```
leftExpr ?? rightExpr
```

代码如下：

```
var val1 = null;
var val2 = "";
var val3 = 42;
var val4 = val1 || "val1 的默认值";
var val5 = val2 || "val2 的默认值";
var val6 = val3 || 0;
var val7 = val1 ?? "val1 的默认值";
var val8 = val2 ?? "val2 的默认值";
var val9 = val3 ?? 0;
console.log(val4);                    //输出：val1 的默认值
console.log(val5);                    //输出：val2 的默认值
console.log(val6);                    //输出：42
console.log(val7);                    //输出：val1 的默认值
console.log(val8);                    //输出：<empty string>
console.log(val9);                    //输出：42
```

注意：目前 IE 浏览器还不支持此方法。Chrome 浏览器 80 及以上版本、火狐 72 及以上版本支持此方法。

4.4 赋值操作符

赋值操作符会将右边操作数的值分配给左边的操作数，并将其值修改为与右边操作数相等的值。

给定 x=10 和 y=5，表 4-4 解释了赋值操作符。

表 4-4 赋值操作符列表

操作符	例子	等同于	运算结果
=	x=y		x=5
+=	x+=y	x=x+y	x=15
−=	x−=y	x=x−y	x=5
*=	x*=y	x=x*y	x=50
/=	x/=y	x=x/y	x=2
%=	x%=y	x=x%y	x=0
<<=	x <<= y	x = x << y	320
>>=	x >>= y	x = x >> y	0
>>>=	x >>>= y	x = x >>> y	0
&=	x &= y	x = x & y	0
^=	x ^= y	x = x ^ y	15
|=	x |= y	x = x | y	15
**=	x **= y	x = x ** y	100000

4.5 位操作符

位操作符是在数字底层（即表示数字的 32 个数位）进行操作的。ECMAScript 整数有两种类型，即有符号整数（允许用整数和负数）和无符号整数（只允许用整数）。有符号整数使用第 31 位表示整数的数值，用第 32 位表示整数的符号，0 表示正数，1 表示负数。正数以纯二进制格式存储，负数同样以二进制码存储，但使用的格式是二进制补码。计算一个数值的二进制补码，需要经过下列 3 步。

（1）求这个数值绝对值的二进制码（例如，要求 −18 的二进制补码，先求 18 的二进制码）。

（2）求二进制反码，即将 0 替换为 1，将 1 替换为 0。

（3）得到二进制反码加 1。

如果对非数值应用位操作符，会先使用 Number()函数将该值转换为一个数值（自动完成），然后应用位操作，得到的结果将是一个数值。

1. 按位非（NOT）

按位非操作符由一个波浪线(~)表示，执行按位非的结果就是返回数值的反码。代码如下：

```
var num1 = 25;        //二进制 00000000000000000000000000011001
var num2 = ~num1;     //二进制 11111111111111111111111111100110
console.log(num2);    //输出：-26
```

2. 按位与（AND）

按位与操作符用一个和号（&）字符表示，将两个数值的每一位对齐，然后根据表 4-5 中的规则，对相同位置上的两个数执行 AND 操作。

表 4-5　按位与操作符规则

第一个数值的位	第二个数值的位	结果
1	1	1
1	0	0
0	1	0
0	0	0

代码如下：

```
var result = 25 & 3;
console.log(result);              //输出：1
```

底层操作如下：

```
25 = 0000 0000 0000 0000 0000 0000 0001 1001
3 = 0000 0000 0000 0000 0000 0000 0000 0011
---------------------------------------------
AND = 0000 0000 0000 0000 0000 0000 0000 0001
```

3. 按位或（OR）

按位或操作符由一个竖线(|)符号表示，同样也有两个操作数。按位或操作符规则如表 4-6 所示。

表 4-6　按位或操作符规则

第一个数值的位	第二个数值的位	结果
1	1	1
1	0	1
0	1	1
0	0	0

代码如下：

```
var result = 25 | 3;
console.log(result);                                //输出：27
```

底层操作如下：

```
25 = 0000 0000 0000 0000 0000 0000 0001 1001
3 = 0000 0000 0000 0000 0000 0000 0000 0011
---------------------------------------------
OR = 0000 0000 0000 0000 0000 0000 0001 1011
```

4. 按位异或（XOR）

按位异或操作符由一个插入（^）符号表示，也有两个操作数。按位异或操作规则如表 4-7 所示。

表 4-7　按位异或操作规则

第一个数值的位	第二个数值的位	结果
1	1	0
1	0	1
0	1	1
0	0	0

代码如下：

```
var result = 25 ^ 3;
console.log(result);                                //输出：26
```

底层操作如下：

```
25 = 0000 0000 0000 0000 0000 0000 0001 1001
3 = 0000 0000 0000 0000 0000 0000 0000 0011
---------------------------------------------
XOR = 0000 0000 0000 0000 0000 0000 0001 1010
```

5. 左移

左移操作符由 2 个小于号(<<)表示,这个操作符会将数值的所有位向左移动指定的位数。

6. 有符号右移

有符号右移操作符由 2 个大于号（>>）表示，这个操作符会将数值向右移动但保留符号位（即正负号标记）。有符号右移操作与左移操作恰好相反。

7. 无符号右移

无符号右移操作符由 3 个大于号（>>>）表示，该操作符会将第一个操作数向右移动指定的位数。向右被移出的位被丢弃，左侧用 0 填充。因为符号位变成了 0，所以结果总是非负的。对于非负数，有符号右移和无符号右移总是返回相同的结果。但是，对于负数却不尽相同。

4.6　其他操作符

JavaScript 还包括一元操作符、条件操作符、逗号操作符、分组操作符等。

4.6.1　一元操作符

只能操作一个值的操作符称为一元操作符。一元操作符包括递增、递减、一元加、一元减、delete、typeof、void 和 await 等操作符。

1. 递增操作符和递减操作符

递增操作符为其操作数增加 1，返回一个数值。递增操作符分为前置型操作符和后置型递增操作符。

（1）如果使用后置（postfix），即操作符位于操作数的后面（如 x++），那么将会在递增前返回数值。

（2）如果使用前置（prefix），即操作符位于操作数的前面（如++x），那么将会在递增后返回数值。

代码如下：

```
var I = 2;
var j=0;
j=i++;
console.log("j=i++;");                          //输出：j=i++;
console.log("i:"+i+",j:"+j);                    //输出：i:3,j:2
j=++i;
console.log("j=++i;");                          //输出：j=++i;
console.log("i:"+i+",j:"+j);                    //输出：i:4,j:4
```

递减操作符将其操作数减去 1，并返回一个数值。其相关使用方法可参照递增操作符。

递增操作符和递减操作符对任何值都适用。当应用于不同的值时，递增操作符和递减操作符应遵循下列规则。

（1）如果操作数包含有效数字字符的字符串，则先将其转换为数字值，再执行加减 1 的操作。字符串变量变成数值变量。

（2）如果操作数不包含有效数字字符的字符串，则将变量的值设置为 NaN。字符串变量变成数值变量。

（3）如果操作数为布尔值 false，则先将其转换为 0，再执行加减 1 的操作。布尔值变量变成数值变量。

（4）如果操作数为布尔值 true，则先将其转换为 1，再执行加减 1 的操作。布尔值变量变成数值变量。

（5）如果操作数为浮点数值，则执行加减 1 的操作。

（6）如果操作数为对象，则先调用对象的 valueOf()方法以取得一个可供操作的值，然后对该值应用前述规则。如果结果是 NaN，则在调用 toString()方法后再应用前述规则。对象变量变成数值变量。

代码如下：

```
var bool1 = true;
j = bool1++;
console.log("bool1:"+bool1+",j:"+j);              //输出: bool1:2,j:1
console.log("bool1:"+bool1.toString()+",j:"+j);   //输出: bool1:2,j:1
console.log("bool1:"+String(bool1)+",j:"+j);      //输出: bool1:2,j:1
var str="123";
j=str++;
console.log("str:"+str+",j:"+j);                  //输出: str:124,j:123
var str="Hello";
j=str++;
console.log("str:"+str+",j:"+j);                  //输出: str:NaN,j:NaN
var str="2.1";
j=str++;
console.log("str:"+str+",j:"+j);                  //输出: str:3.1,j:2.1
```

2. 一元加和减操作符

一元加、一元减与数学上所学的正号、负号是相同的，所求值即为数学中的正数和负数。

不过，在对非数值应用一元加操作符时，该操作符会像 Number()转型函数一样对这个值进行转换。换句话说，布尔值 false 和 true 将被转换为 0 和 1，字符串值会按照一组特殊的规则进行解析，而对象是先调用它们的 valueOf()和（或）toString()方法，再转换得到的值。代码如下：

```
var str="2.1";
j=++str;
console.log("str:"+str+",j:"+j);             //输出: str:3.1,j:3.1
var o = {
    'name':'liming',
    'age':10,
    valueOf:function() {return this.age;}
};
var o2 = {valueOf:function() {return 2;}};
console.log(-o);                             //输出: -10
console.log(+'01');                          //输出: 1
console.log(+Number('01'));                  //输出: 1
console.log(-'01');                          //输出: -1
console.log(-Number('01'));                  //输出: -1
console.log(-'');                            //输出: -0
console.log(-parseInt(''));                  //输出: NaN
```

3. delete

delete 操作符用于删除对象的某个属性。它会从某个对象上移除指定属性。成功删除的时候会返回 true，否则返回 false。使用 delete 的过程中需要注意以下几点。

（1）如果你试图删除的属性不存在，那么 delete 将不会起任何作用，但仍会返回 true。

（2）如果对象的原型链上有一个与待删除属性同名的属性，那么删除属性之后，对象会使用原型链上的那个属性（也就是说，delete 操作只会在自身的属性上起作用）。

（3）任何使用 var 声明的属性不能从全局作用域或函数的作用域中删除。这样，delete 操作不能删除任何在全局作用域中的函数（无论这个函数是来自函数声明或函数表达式）。

（4）任何用 let 或 const 声明的属性不能从它被声明的作用域中删除。

（5）不可设置的（non-configurable）属性不能被移除。这意味着像 Math、Array、Object 内置对象的属性以及使用 Object.defineProperty()方法设置为不可设置的属性不能被删除。

代码如下：

```
const students = {
    first:'John',
    second:'Doe',
    third:'Lisa'
};
console.log(students.first);              //输出: John
delete students.first;
console.log(students.first);              //输出: undefined
console.log(delete students.first);       //输出: true
```

4. typeof

typeof 操作符返回一个字符串，表示未经计算的操作数的类型。代码如下：

```
console.log(typeof 21);                   //输出: number
console.log(typeof 'abcde');              //输出: string
console.log(typeof true);                 //输出: boolean
console.log(typeof x);                    //输出: undefined
```

5. void

void 操作符对给定的表达式进行求值，然后返回 undefined。

void 操作符的作用如下。

（1）替代 undefined，由于 undefined 并不是一个关键字，可能会被重写，所以可以用 void 0 来替换 undefined。undefined 被重写的代码如下：

```
var undefined = 123;
console.log(undefined);          //IE8 浏览器下输出 123, 高版本浏览器下输出 undefined
function test(){
    var undefined = 123;
    console.log(undefined);
```

```
}
test();                         //所有浏览器下都输出 123
```

（2）客户端 URL，当用户点击一个有 javascript:URL 的链接时，它会执行 URL 中的代码，然后用返回的值替换页面内容，除非返回的值是 undefined。void 操作符可返回 undefined。代码如下：

```
<a href="javascript:void(0);">
    点击这个链接后页面不会发生变化，如果去掉 void()，点击后整个页面会被替换成一个字符 0
</a>
<p>点击这个链接<a href="javascript:0;">没有变化，页面会变成一个字符串 0</a></p>
    //在 IE 浏览器下有效果
<a href="javascript:void(document.body.style.backgroundColor='yellow');">
    点击这个链接后页面背景变成黄色。
</a>
```

（3）阻止默认事件，阻止默认事件的方式是给事件返回值 false。代码如下：

```
<a href="https://www.qq.com/" onclick="fn();">点击</a>
<p>点击后上面弹出"Hello World"，然后跳转到腾讯新闻。</p>
<p>下面的只会弹出"Hello World"而不会跳转，因为跳转前已经 return false 了</p>
<a href="https://www.qq.com/" onclick="fn();return false;">点击</a>
<p>同上，弹出而不跳转</p>
<a href="javascript:void(fn())">点击</a>
<script>
    function fn() {
    alert('Hello World');
    }
</script>
```

6. await

await 操作符用于等待一个 Promise 对象。它只能在异步函数（async function）中使用。await 后面跟一个 Promise 对象，它会暂停当前异步函数的执行，直到 Promise 处理完成。如果 await 操作符后的表达式的值不是 Promise，则将返回该值本身。这里对 await 先做了解，在 Async 函数章节会具体讲解。

4.6.2　条件操作符

条件操作符是 JavaScript 仅有的使用 3 个操作数的操作符。它可以基于某些条件对变量进行赋值。其语法如下：

```
variablename = (condition)?value1:value2
```

代码如下：

```
var voteable = (age<18)?"年龄太小":"年龄已达到";
//如果变量 age 中的值小于 18，则向变量 voteable 赋值"年龄太小"，否则赋值"年龄已达到"
```

4.6.3　逗号操作符

逗号操作符对它的每个操作数求值（从左到右），并返回最后一个操作数的值。

代码如下：

```
var a = 10,b = 20;
function test(){
    return a++,b++,30;
}
var c = test();
console.log(a);                              //输出：11
console.log(b);                              //输出：21
console.log(c);                              //输出：30
```

4.6.4　分组操作符

分组操作符（()）用于控制表达式中的运算优先级。代码如下：

```
console.log(1 + 2 * 3);                      //输出：7
console.log(1 + (2 * 3));                    //输出：7
console.log((1 + 2) * 3);                    //输出：9
```

4.6.5　扩展操作符

1. 数组的扩展操作符

扩展（spread）操作符用 3 个点（...）表示，是将一个数组转换为用逗号分隔的参数序列。代码如下：

```
console.log(...[1,2,3]);                     //输出：1 2 3
console.log(1,...[2,3],4);                   //输出：1 2 3 4
console.log(...[1,2,3,[4,5]]);               //输出：1 2 3 [4,5]
console.log(...[1,2,3,...[4,5]]);            //输出：1 2 3 4 5
[...document.querySelectorAll('div')]        //输出：[<div>,<div>,<div>]
```

扩展操作符内部调用的是数据结构的 Iterator 接口，因此，只要具有 Iterator 接口的对象，都可以使用扩展操作符。

2. 对象的扩展操作符

对象的扩展操作符（...）是指取出操作对象的所有可遍历属性，并拷贝到当前对象之中。它等同于使用 Object.assign()方法。代码如下：

```
let obj = {a:1,b:2};
let newObj = {...obj};
console.log(newObj);                         //输出：{a:1,b:2}
```

4.6.6　符号操作符

{}是对象字面量语法。代码如下：

```
var obj = {};
var obj = {id:1,name:'lisa',sex:'girl'};
```

[]是数组字面量语法。代码如下：

```
var fruits = ['Apple','Banana','orange'];
```

4.6.7　链判断操作符

编程实务中经常会遇到深层次嵌套属性验证的问题,我们通常会通过&&操作符每层进行验证,虽然这样看起来很烦琐,但是必须这样做。代码如下：

```
//有一个嵌套多层的对象，例如：
let cars={
    numbers:200,
    smallCars:{
        numbers:3,
        firstname:'Romeo',
        secondname:'Martin',
        thirdname:'Daihatsu'
    }
}
//获取 smallCars 车的数量
let s_num = cars.smallCars.numbers;
//这样直接获取可能会报错，导致程序异常，我们需要对 obj、attr 进行验证
let s_num = cars && cars.smallCars && cars.smallCars.numbers
console.log(s_num);
```

这样层层判断非常麻烦,因此 ES2020 引入了链判断操作符(optional chaining operator)(?.)来简化上面的操作。代码如下：

```
let s_num = cars?.smallCars?.numbers
```

?.操作符允许在对象链中每个引用是否有效的情况下,读取对象链深处属性的值而不会报错,在引用为空或其他引起表达式短路时返回 undefined。.?的语法如下：

```
obj?.prop
obj?.[expr]
arr?.[index]
func?.(args)
```

这个操作符比较常见的使用形式,以及不使用该操作符时的等价形式如下：

```
a?.b
//等同于
a == null ? undefined:a.b
a?.[x]
//等同于
a == null ? undefined:a[x]
```

```
a?.b()
//等同于
a == null ? undefined:a.b()
a?.()
//等同于
a == null ? undefined:a()
```

注意：目前 IE 浏览器还不支持此方法。Chrome 浏览器 80 及以上版本、火狐 74 及以上版本支持此方法。

4.7 操作符优先级

当表达式中包含多种运算时，操作符的优先级决定了表达式中运算执行的先后顺序。优先级高的操作符最先被执行。操作符优先级如表 4-8 所示。

表 4-8　操作符优先级列表

优先级	运算类型	关联性	操作符
20	圆括号	n/a（不相关）	(…)
19	成员访问	从左到右	… . …
	需计算的成员访问	从左到右	… […]
	new（带参数列表）	n/a（不相关）	new … (…)
	函数调用	从左到右	… (…)
	可选链（optional chaining）	从左到右	?.
18	new（无参数列表）	从右到左	new…
17	后置递增（操作符在后）	n/a（不相关）	…++
	后置递减（操作符在后）		…--
16	逻辑非	从右到左	!…
	按位非		~…
	一元加法		+…
	一元减法		-…
	前置递增		++…
	前置递减		--…
	typeof		typeof…
	void		void…
	delete		delete…
	await		await…
15	幂	从右到左	…**…

续表

优先级	运算类型	关联性	操作符
14	乘法	从左到右	...*...
	除法		.../...
	取模		...%...
13	加法	从左到右	...+...
	减法		...−...
12	按位左移	从左到右	...<<...
	按位右移		...>>...
	无符号右移		...>>>...
11	小于	从左到右	...<...
	小于等于		...<=...
	大于		...>...
	大于等于		...>=...
	in		...in...
	instanceof		...instanceof...
10	等号	从左到右	...==...
	非等号		...!=...
	全等号		...===...
	非全等号		...!==...
9	按位与	从左到右	...&...
8	按位异或	从左到右	...^...
7	按位或	从左到右	...|...
6	逻辑与	从左到右	...&&...
5	逻辑或	从左到右	...||...
4	条件操作符	从右到左	...?...:...
3	赋值	从右到左	...=...
	运算赋值		+=、 −=、 *=、 /=、 %=、 <<=、 >>=、 >>>=、 &=、 ^=、 |=
2	yield	从右到左	yield...
	yield*		yield*...
1	展开操作符	n/a（不相关）	... ...
0	逗号	从左到右	...,...

【附件四】

为了方便你的学习，我们将该章中的相关附件上传到以下所示的二维码，你可以自行扫码查看。

第 5 章　语句

学习目标:

- 选择语句;
- 循环语句;
- 其他语句。

JavaScript 语句会告诉浏览器该做什么。ECMAScript 规定一组用于控制流程的特殊语句,语句通常使用一个或多个关键字来完成给定任务。特殊语句主要包含选择语句、循环语句等。

5.1　选择语句

编写代码时,总是需要为不同的决定来执行不同的动作。可用条件语句来完成该任务。

在 JavaScript 中,可使用以下条件语句。

(1) if 语句: 只有当指定条件为 true 时, 才使用该语句来执行代码。

(2) if…else 语句: 当条件为 true 时执行的代码, 当条件为 false 时执行其他代码。

(3) if…else if…else 语句: 使用该语句选择多个代码块之一来执行。

(4) switch 语句: 使用该语句选择多个代码块之一来执行。

5.1.1　if 语句

if 语句的基本语法如下:

```
if (condition)
{
    当条件为 true 时执行的代码
}
```

我们直接根据以下代码来理解相关使用方法:

```
//if 语句例子
if (age<14)
{
    x="儿童";
}
```

```
//if…else 语句例子
If (age<14)
{
    x="儿童";
}
else
{
    x="青少年";
}

//if…else if…else 语句例子
if (time<14)
{
    x='儿童';
}
else if (time>=14 && time<18)
{
    x='青少年';
}
else
{
    x='成人';
}
```

5.1.2   switch 语句

switch 语句基于不同的条件来执行不同的动作。语法如下：

```
switch (expression) {
    case value:statement
        break;
    case value:statement
        break;
    case value:statement
        break;
    case value:statement
        break;
    default:statement
}
```

switch 语句中的每一种情形（case）的含义是：如果表达式等于这个值（value），则执行后面的语句（statement）。而 break 关键字会导致代码执行流跳出 switch 语句。如果省略 break 关键字，就会导致执行完当前情形（case）后，继续执行下一个情形（case）。最后的 default 关键字则用于在表达式不匹配前面任何一种情形的时候，执行机动代码（因此，也相当于一条 else 语句）。代码如下：

```
var today = new Date().getDay();
switch (today)
{
    case 0:
```

```
            text = "今天是星期日";
            break;
        case 1:
            text = "今天是星期一";
            break;
        case 2:
            text = "今天是星期二";
            break;
        case 3:
            text = "今天是星期三";
            break;
        case 4:
            text = "今天是星期四";
            break;
        case 5:
            text = "今天是星期五";
            break;
        case 6:
            text = "今天是星期六";
            break;
}
console.log(text);
```

5.2　循环语句

JavaScript 支持不同类型的循环，主要包括以下几种。

（1）for 语句：循环代码块一定的次数。

（2）for...in 语句：循环遍历对象的属性。

（3）while 语句：当指定的条件为 true 时，循环指定的代码块。

（4）do...while 语句：当指定的条件为 true 时，循环指定的代码块。

5.2.1　for 语句

for 需要在执行循环之前初始化变量，以及定义循环后要执行的代码。语法如下：

```
for (语句 1;语句 2;语句 3) {
    要执行的代码块
}
```

其中：语句 1 在循环（代码块）开始之前执行，语句 2 定义运行循环（代码块）的条件，语句 3 会在循环（代码块）每次被执行后执行。

语句 1、语句 2 和语句 3 都是可选的，如果在 3 条语句都省略的情况下，将会创建一个无限循环（死循环）。

创建 for 循环的代码如下：

```
var text = "";
for (var i = 0;i < 5;i++) {
    text += "The number is " + i + "\n";
}
console.log(text);
//输出:
//The number is 0
//The number is 1
//The number is 2
//The number is 3
//The number is 4
```

虽然可以像以下代码一样创建一个无限循环，但建议不要这样操作。

```
//创建了一个无限循环，建议不要这样操作
for (;;) {                 //无限循环
    console.log('loop');
}
```

5.2.2　for...in 语句

for...in 语句是严格的迭代语句，用于对数组或者对象的属性进行循环操作。代码如下：

```
var cars = ["Bentley","Volvo","Kia"];
var x;
for (x in cars)
{
    console.log(cars[x]);
}
//输出:
//Bentley
//Volvo
//Kia
```

5.2.3　while 语句

while 语句会在指定条件为真时循环执行代码块。语法如下：

```
while (条件)
{
    需要执行的代码;
}
```

使用 while 语句的代码如下：

```
var text = "";
var i = 0;
while (i < 5)
{
    text += "The number is" + i + "\n";
    i++;
}
console.log(text);
```

```
//输出：
//The number is 0
//The number is 1
//The number is 2
//The number is 3
//The number is 4
```

5.2.4　do...while 语句

do...while 语句是 while 语句的变体。do...while 语句会在检查条件是否为真之前执行一次代码块，如果条件为真，就会重复这个循环。语法如下：

```
do
{
    需要执行的代码
}
while (条件);
```

代码如下：

```
var text = "";
var i = 0;
do
{
    text += "The number is " + i + "\n";
    i++;
}
while (i < 5);
console.log(text);
//输出：
//The number is 0
//The number is 1
//The number is 2
//The number is 3
//The number is 4
```

5.2.5　Iterator 和 for...of 语句

1. 迭代器

ES6 新增迭代器（Iterator）是为各种不同的数据结构提供统一的迭代访问机制。Iterator 是一种迭代接口，只要在数据结构上部署了 Iterator 接口，该数据结构就可以完成迭代操作。所有的迭代器对象都有 next()方法，用于返回数据结构当前成员对象信息，该对象有 value 和 done 两个属性，value 代表当前成员的值，done 为一个布尔值，代表迭代是否结束。

创建迭代器的代码如下：

```
function makeIterator(arr) {
    var index = 0;
    return {
        next:function() {
            return index < arr.length?
```

```
                {value:arr[index++],done:false}:
                {value:undefined,done:true};
        }
    };
}
var iter = makeIterator(['hello','world','!']);
console.log(iter.next());          //输出: {value:"hello",done:false}
console.log(iter.next());          //输出: {value:"world",done:false}
console.log(iter.next());          //输出: {value:"!",done:false}
console.log(iter.next());          //输出: {value:undefined,done:true}
```

上述代码中，makeIterator()是一个迭代器生成函数，调用此函数可返回一个迭代器对象 iter。调用迭代器对象的 next()方法可以依次访问传入参数内部的各个值。

2. 可迭代对象

可迭代对象是具有 Symbol.iterator 属性的对象。Symbol.iterator 属性指向一个迭代器生成函数，即 Iterator 接口。可迭代对象主要用于和 for...of 语句配合使用。

ES6 规定，默认的 Iterator 接口部署在数据结构的 Symbol.iterator 属性上，数据结构只要具有 Symbol.iterator 属性，它就是可迭代的。

原生具备 Iterator 接口的数据结构有 Array、Map、Set、String、TypedArray、函数的 arguments 对象、NodeList 对象。这些数据结构对象可以直接通过 for...of 语句或迭代器进行访问。代码如下：

```
let arr = ['a','b','c'];
let iter = arr[Symbol.iterator]();
console.log(iter.next());          //输出: {value:'a',done:false}
console.log(iter.next());          //输出: {value:'b',done:false}
console.log(iter.next());          //输出: {value:'c',done:false}
console.log(iter.next());          //输出: {value:undefined,done:true}
```

除去原生具有 Iterator 接口的其他数据结构，还需要自己在 Symbol.iterator 属性上面部署 Iterator 接口，这样才会被 for...of 语句遍历。部署 Iterator 接口的代码如下：

```
class createIterator {
    constructor(begin,over) {
        this.value = begin;
        this.stop = over;
    }
    [Symbol.iterator]() {return this;}
    next() {
        var value = this.value;
        if (value < this.stop) {
        this.value++;
        return {done:false,value:value};
        }
        return {done:true,value:undefined};
    }
```

```
}
function range(begin,over) {
    return new createIterator(begin,over);
}
for (var value of range(0,3)) {
    console.log(value);                     //输出: 0,1,2
}
```

3. 默认调用 Iterator 接口

默认调用 Iterator 接口主要有以下几种情况。

（1）进行解构赋值时会调用 Iterator 接口。

（2）扩展操作符（...）也会调用 Iterator 接口。

（3）yield*后面跟的是可遍历的结构，它会调用该结构的 Iterator 接口。

当数据结构没有部署 Iterator 接口时，进行上面 3 种操作就会出现错误。

代码如下：

```
let set = new Set().add('a').add('b').add('c').add('d');
let [x,y] = set;
console.log(x);                         //输出: a
console.log(y);                         //输出: b
let [first,...rest] = set;
console.log(first);                     //输出: a
console.log(rest);                      //输出: ["b","c","d"]
```

4. for...of 语句

数据结构，只要具有 Symbol.iterator 属性，就可以使用 for...of 语句来遍历它。遍历过程中，for...of 会获取可迭代对象的迭代器，然后逐次调用迭代器的 next()方法，直到迭代完成。代码如下：

```
const cars = ["Saab","Volvo","BMW"];
for(let c of cars) {
    console.log(c);                     //输出: Saab Volvo BMW
}
const obj = {};
obj[Symbol.iterator] = cars[Symbol.iterator].bind(cars);
for(let o of obj) {
    console.log(o);                     //输出: Saab Volvo BMW
}
```

5. 迭代器对象的 return()方法、throw()方法

迭代器对象除有 next()方法，还有 return()和 throw()方法。其中 return()方法主要用于 for...of 语句的提前退出。throw()方法通常用来配合 Generator()函数的使用。

5.2.6 for await...of 语句

ES8 新增加的 for await...of 语句会在异步或者同步可迭代对象上创建迭代循环。该语句会调用自定义迭代钩子，并为每个不同属性的值执行语句。语法如下：

```
for await (variable of iterable) {
    statement
}
```

相关代码如下：

```
var asyncIterable = {
    [Symbol.asyncIterator]() {
        return {
            i:0,
            next() {
                if (this.i < 3) {
                    return Promise.resolve({value:this.i++,done:false});
                }

                return Promise.resolve({done:true});
            }
        };
    }
};
(async function() {
    for await (num of asyncIterable) {
        console.log(num);
    }
})();
//输出:
//0
//1
//2
```

5.2.7 for each...in 语句

使用一个变量迭代一个对象的所有属性值，对于每个属性值，有一个指定的语句块被执行。for each...in 语句已被废弃，可以使用 ES6 中的 for...of 语句来代替。

5.3 其他语句

除了上面已经介绍到的语句，流程控制语句还包括 break、continue、label、return、with、throw/try/catch/finally、debugger、import/export、block、empty 等。它们分别拥有不同的含义和用途，以达到能够使程序按照一定的流程运行的目的。

5.3.1　break 语句和 continue 语句

Break 语句和 continue 语句用于在循环中精确地控制代码的执行。其中，break 语句用于跳出循环。continue 语句用于跳过循环中的一个迭代。相关代码如下：

```
var num = 0;
for (var i=1;i < 10;i++) {
    if (i % 5 == 0) {
        break;
    }
    num++;
}
console.log(num);                    //输出: 4
num = 0;
for (var i=0;i < 10;i++) {
    if (i % 5 == 0) {
        continue;
    }
    num++;
}
console.log(num);                    //输出: 8
```

5.3.2　label 语句

使用 label 语句可以在代码中添加标签，以便将来使用。语法如下：

```
label:statement
```

代码如下：

```
//不添加标签的示例
var num = 0;
for (var i=0;i < 10;i++) {
    for (var j=0;j < 10;j++) {
        if (i == 5 && j == 5) {
            break;
        }
        num++;
    }
}
console.log(num);                    //输出: 95

//添加标签的实例
var num = 0;
most:
for (var i=0;i < 10;i++) {
    for (var j=0;j < 10;j++) {
        if (i == 5 && j == 5) {
            break most;
        }
        num++;
    }
}
console.log(num);                    //输出: 55
```

添加标签的语句一般都要与 for 语句等循环语句配合使用。

5.3.3　return 语句

return 语句可终止函数的执行并返回一个函数值。代码如下：

```
function fn() {
    return Math.PI;
    console.log('test');
}
console.log(fn());                          //输出：3.141592653589793
```

上述代码中，函数返回 Math.PI 这个值，所以调用函数并用 console.log 输出结果时输出 3.141592653589793。由于 return 终止了函数的执行，所以 return 后面的语句无法运行，即无法输出'test'。

5.3.4　with 语句

with 语句的作用是将代码的作用域设置到一个特定的对象中。with 语句的语法如下：

```
with (expression) statement;
```

定义 with 语句的目的主要是简化多次编写同一个对象的工作，代码如下：

```
//以下是访问同一个对象不同属性的方法
var hostname = location.hostname;
var url = location.href;
var port=location.port;
//下面是使用 with 语句后访问同一个对象不同属性的方法
with(location){
    var hostname = hostname;
    var url = href;
    var port=port;
}
```

上述代码中使用 with 语句重写访问同一个对象不同属性的方法后，with 语句与 location 对象相关联。在 with 语句的代码块内部，每个变量首先被认为是一个局部变量，如果在局部环境中找不到该变量的定义，就会查询 location 对象中是否有同名的属性。如果发现了同名属性，则以 location 对象属性的值作为变量的值。

严格模式下不允许使用 with 语句，否则将视为语法错误。

5.3.5　throw/try/catch/finally 语句

1. throw/try/catch/finally 语句概述

当执行 JavaScript 代码时，try 语句用于测试代码块中的错误；catch 语句用于处理错误；throw 语句用于创建自定义错误；finally 语句用于执行需要执行的代码，用在 try 语句和 catch 语句之后，无论结果如何。

　　Try 语句和 catch 语句总是成对出现，try 语句允许定义一个执行时检测错误的代码块，catch 语句允许定义一个用以处理在 try 中检测到的错误的代码块。代码如下：

```
<!DOCTYPE html>
<html>
<body>
    <p id="demo"></p>
    <script>
        try {
            alter("欢迎您，亲爱的用户！");
        }
        catch(err) {
            console.log(err.message);           //输出: alter is not defined
        }
    </script>
</body>
</html>
```

　　如果将 throw 与 try 和 catch 一起使用，那么能够控制程序流，并生成自定义的错误消息。代码如下：

```
<!DOCTYPE html>
<html lang = "en">
<body>
    <p>请输入 5 到 10 之间的数:</p>
    <input type = "text" id = "demo">
    <button type = "button" onclick = "myFunction()">检测输入</button>
    <p id = "p01"></p>
</body>
<script>
    function myFunction(){
        var message, x;
        message = document.getElementById("p01");
        message.innerHTML = "";
        x = document.getElementById("demo").value;
        try {
            if (x == "") throw "是空的";
            if (isNaN(x)) throw "不是数字";
            x = Number(x);
            if (x > 10) throw "太大";
            if (x < 5) throw "太小";
        }
        catch (err) {
            message.innerHTML = "输入: " + err;
        }
        finally {
            document.getElementById("demo").value = "";
        }
    }
</script>
</html>
```

2. 省略 catch 命令的参数

JavaScript 语言的 try...catch 结构，以前明确要求 catch 命令后面必须跟参数，接受 try 代码块抛出的错误对象。代码如下：

```
try {
    //...
} catch (err) {
    //处理错误
}
```

上面代码中，catch 命令后面带有参数 err。

很多时候，catch 代码块可能用不到这个参数。但是，为了保证语法的正确，还是必须写。ES2019 做出了改变，允许 catch 语句省略参数。

5.3.6 debugger 语句

debugger 关键字用于停止执行 JavaScript，并调用调试函数。使用这个关键字与在调试工具中设置断点的效果是一样的。如果没有调试工具可用，debugger 语句将无法工作。代码如下：

```
function test() {
    debugger;
    console.log('test');
}
test();
```

在上述对应的网页中打开开发者工具的 Sources，刷新页面，JavaScript 将在 debugger 处停止运行，如图 5-1 所示。

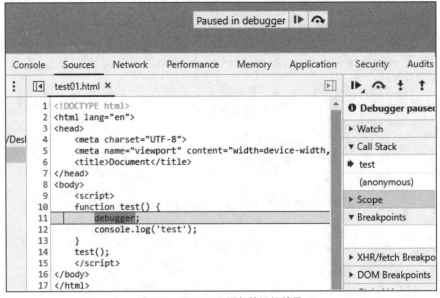

图 5-1 debugger 语句的运行效果

5.3.7　export 语句和 import 语句

export 语句用于从模块中导出实时绑定的函数、对象或原始值。静态的 import 语句用于导入由另一个模块 export 的绑定对象。代码如下：

```
//导出单个特性
export let name1,name2,…,nameN;              //also var,const
//默认导出
export default expression;
//导入整个模块的内容
import * as myModule from '/modules/my-module.js';
//导入默认值
import myDefault from '/modules/my-module.js';
```

export 和 import 都是在模块中使用的语句，第 9.3 节会具体介绍。

5.3.8　block 语句

block 表示块语句，可以用来管理零条或多条语句。该区块是由一对大括号来包含其中语句。块语句在 JavaScript 中随处可见，只要在{}里的语句都是块语句。代码如下：

```
var str=''
//下面{}里的语句是块语句
for (let i = 0;i < 9;i++) {
    str+=i;
}
```

5.3.9　empty 语句

empty 语句用来表示没有语句的情况，尽管 JavaScript 语法期望有语句提供。代码如下：

```
var arr = [1,2,3];
for (let i = 0;i < arr.length;arr[i++] = 0) /*空语句*/;
console.log(arr);                          //输出: [0,0,0]
```

【附件五】

为了方便你的学习，我们将该章中的相关附件上传到以下所示的二维码，你可以自行扫码查看。

第 6 章　函数

学习目标：

- JavaScript 函数简介；
- ES6 函数的新特性；
- 递归函数；
- 回调函数；
- Generator 函数；
- Async 函数；
- 闭包；
- 函数的防抖和节流。

对大多数语言来说，函数是一个核心概念，JavaScript 也不例外。在 JavaScript 编程中，几乎每时每刻都在调用函数。因此，理解并掌握函数对学好 JavaScript 语言非常重要。

6.1　JavaScript 函数简介

函数是由事件驱动的，或者当它被调用时执行的可重复使用的代码块。函数使用 function 关键字来声明，后跟函数名、参数以及函数体。函数的基本语法如下所示：

```
function functionName(arg0,arg1,…,argN) {
    statements
}
```

上述语法中，functionName 代表函数名，arg0,arg1,…,argN 代表参数（参数不是必要的），statements 代表函数体。

函数可以通过其函数名加上一对圆括号和参数来调用。代码如下：

```
//定义函数
function sayHello(){
    console.log("Hello World!");
}
//调用函数
sayHello();                         //输出：Hello World!
```

return 语句会终止函数的执行，并返回一个指定的值给函数调用者。如果函数中没有使用 return 语句，则默认返回 undefined。要想返回一个特定的值，函数必须使用 return 语句来指定一个要返回的值。

当在函数体中使用 return 语句时，函数运行到 return 语句时将会停止执行。如果 return 后跟一个指定的值，则这个值将会返回给函数调用者。例如，创建实现计算平方的函数，使用 return 返回结果值，代码如下：

```
function square(x) {
    return x * x;
}
var num = square(3);
console.log(num);                    //输出: 9
```

6.1.1 函数的定义

JavaScript 函数有多种定义方式，其中最常用的是函数声明式和函数表达式。除此之外，还包括其他方式，如箭头函数式、构造函数式等。

1. 函数声明式

函数通常是通过函数声明的方式定义的，其语法如下：

```
function fun(arguments){
    statements
}
```

2. 函数表达式

函数表达式是通过定义一个变量，然后将函数赋值给此变量的定义函数的方式。函数表达式中的函数通常没有名字，因此称为匿名函数。其语法如下：

```
var fun=function(arguments){
    statements
}
```

JavaScript 运行过程中，解析器会率先读取函数声明，并使其在执行任何代码之前可用（可以访问），这种过程通常称为函数声明提升；函数表达式则必须等到解析器执行到它所在的代码行，才会真正被解释执行。除了解析器对函数声明式和表达式解析顺序不同外，它们其实是等价的。代码如下：

```
//函数声明式
console.log(sum(10,10));              //输出: 20
function sum(num1,num2){
    return num1 + num2;
}
//函数表达式
console.log(sum(10,10));              //报错,Uncaught TypeError:sum is not a function
```

```
var sum = function(num1,num2){
    return num1 + num2;
};
```

函数表达式定义函数的调用方法与函数声明式定义函数的调用方法类似，可以通过变量名加上一对圆括号和参数来调用。

3. 箭头函数式

ES6 新增了箭头函数式，它的语法更简洁。但是通常情况下，它更适用于那些本需要使用匿名函数的地方。具体可查阅第 6.2 节。其语法如下：

```
(param1,param2,…,paramN) => {statements}
(param1,param2,…,paramN) => expression
```

在上述语法中，param1,param2,…,paramN 代表参数。当函数体内有多条 JavaScript 语句时，需要用大括号括起来，statements 代表函数体内的语句。当只有单个表达式时，则不需要大括号，表达式 expression 也是该函数的隐式返回值。

4. 构造函数式

JavaScript 函数也是一种对象，可以通过构造函数的方式来创建，语法如下：

```
new Function (arg1,arg2,…,argN,functionBody);
```

构造函数式是通过 new 加构造函数 Function 来生成 function 对象。arg1,arg2,…,argN 是需要传入的参数，functionBody 是函数体，即构成函数定义的代码块。

使用构造函数创建函数的代码如下：

```
let sum = new Function('x','y','z','return x + y + z');
console.log(sum(1,2,3));                        //输出: 6
```

构造函数式定义函数的调用与函数表达式定义函数的调用相同，可以通过变量名加上一对圆括号和参数（参数不是必要的）来调用。但是不建议使用这种方式来定义函数。

6.1.2 函数的调用

在 JavaScript 中一共有 4 种函数调用模式，分别是一般函数的调用、函数作为方法时的调用、构造函数的调用和使用 call()方法和 apply()方法的调用。

1. 一般函数的调用

1）普通调用

通常情况下，可通过其函数名加上一对圆括号和参数（参数可以为空）来调用。代码如下：

```
//不带参数的函数
function test1(){
    console.log('hello world!');
}
```

```
//带参数的函数
function test2(x,y){
    console.log(x+y);
}
test1();                                //输出: hello world!
test2('hello','world');                 //输出: hello world
```

2）匿名函数调用

函数表达式定义的函数可以通过变量名加上一对圆括号和参数（参数可以为空）来调用。代码如下：

```
//不带参数的匿名函数
var x=function(){
    console.log('hello world!');
}
//带参数的匿名函数
var y=function(a,b){
    console.log(a+b);
}
x();                                     //输出: hello world!
y('hello','world');                      //输出: hello world
```

3）函数自调用

（1）单层括号的函数自调用。

函数也可以在定义时直接调用，通常我们称为自调用。函数自调用是通过将函数用圆括号括起来，后面再跟上另外一个圆括号和参数（参数可以为空）来调用。代码如下：

```
//不带参数的函数自调用
(function() {
    console.log('hello world!');
})();                                    //输出: hello world!

//带参数的函数自调用
(function(a,b) {
    console.log(a+b);
})('hello','world');                     //输出: hello world

((()=>console.log('hello world!'))();    //输出: hello world!
```

（2）双层括号的函数自调用。

还有另外一种形式也可以实现函数的自调用，此时函数后面直接跟圆括号和参数（参数不是必要的），然后使用另外一个圆括号将函数和圆括号括起来即可。代码如下：

```
//双层括号的不带参数的函数自调用
(function() {
    console.log('hello world!');
}());                                    //输出: hello world!
```

```
//双层括号的带参数的函数自调用
(function(a,b) {
    console.log(a+b);
}('hello','world'));                        //输出：hello world
```

（3）其他函数自调用。

函数的自调用还包括由关键字或者运算符构成的调用方式，下面将通过实例来介绍这些调用方式。

①使用 void 关键字。例如，使用 void 关键字实现自加 1 的函数自调用，代码如下：

```
void function(x) {
    x += 1;
    console.log(x);
}(9);                                       //输出：10
```

②使用–/+运算符。例如，使用–/+运算符实现自加 1 的函数自调用，代码如下：

```
//+运算符实现函数自调用
+function(x) {
    x += 1;
    console.log(x);
    return x;
}(9);                                       //输出：10
//-运算符实现函数自调用
-function(x) {
    x += 1;
    console.log(x);
    return x;
}(9);                                       //输出：10
```

③取反运算符。例如，使用取反运算符实现自加 1 的函数自调用，代码如下：

```
//取反（~）运算符实现函数自调用
~function(x) {
    x += 1;
    console.log(x);
    return x;
}(9);                                       //输出：10
//取反（~~）运算符实现函数自调用
~~function(x) {
    x += 1;
    console.log(x);
    return x;
}(9);                                       //输出：10
```

④匿名函数放在[ ]内。例如，使用由[ ]包裹的匿名函数实现自加 1 的函数自调用，代码如下：

```
[function(x) {
    x += 1;
    console.log(x);
```

```
    return x;
}(9)];                              //输出: 10
```

⑤匿名函数加 typeof。例如，使用带 typeof 关键字的匿名函数实现自加 1 的函数自调用，代码如下：

```
typeof function(x) {
    x += 1;
    console.log(x);
    return x;
}(9);                               //输出: 10
```

⑥使用 new 方式。例如，使用 new 方式实现自加 1 的函数自调用，代码如下：

```
new function(x) {
    x += 1;
    console.log(x);
    return x;
}(9);                               //输出: 10
```

⑦逗号运算符。例如，使用逗号运算符实现自加 1 的函数自调用，代码如下：

```
1,function(x) {
    x += 1;
    console.log(x);
    return x;
}(9);                               //输出: 10
```

⑧按位异或运算符。例如，使用按位异或运算符实现自加 1 的函数自调用，代码如下：

```
1^function(x) {
    x += 1;
    console.log(x);
    return x;
}(9);                               //输出: 10
```

⑨比较运算符。例如，使用比较运算符实现自加 1 的函数自调用，代码如下：

```
1>function(x) {
    x += 1;
    console.log(x);
    return x;
}(9);                               //输出: 10
```

2. 函数作为方法时的调用

当对象的某个属性为一个函数时，我们把函数称为对象的方法。此时就需要通过对象才可以调用此函数。对象加上点操作符加上属性名，然后加上圆括号和参数（参数不是必要的）即可访问对象的方法。代码如下：

```
let obj1={
    name:'lisa',
    age:16,
    say:function() {
```

```
        console.log('Good Morning!');
    }
}
obj1.say();                              //输出: Good Morning!
let obj2={
    name:'tom',
    age:15,
    say:function(time) {
        console.log('Good'+time);
    }
}
obj2.say('Afternoon');                   //输出: Good Afternoon
```

3. 构造函数的调用

构造函数的调用与普通函数的调用相比，前面多了 new 操作符。代码如下：

```
let obj=new Object();
let data=new Date();
function Person(name,age) {
    this.name=name;
    this.age=age;
    console.log(this.name);
}
let person1=new Person('lisa',16);       //输出: lisa
let person2=new Person('tom',14);        //输出: tom
console.log(obj);                        //输出: {}
console.log(data);       //输出: Thu Aug 06 2020 13:47:46 GMT+0800(中国标准时间)
console.log(person1); //输出: Person {name:"lisa",age:16}
console.log(person2); //输出: Person {name:"tom",age:14}
```

4. 使用 call()方法和 apply()方法的调用

每个函数都拥有 apply()方法、call()方法和 bind()方法。

call()方法使用一个指定的 this 值和一个或多个参数来调用一个函数。代码如下：

```
function test1(x,y) {
    console.log(x+y);
}
function test2(a,b) {
    test1.call(this,a,b);
}
test2('hello','world');                  //输出: hello world
```

apply()方法的作用是在特定的作用域中调用函数,实际上等于设置函数体内 this 对象的值。apply()方法接收两个参数：一个是其中运行函数的作用域，另一个是参数数组。

apply()方法的作用和 call()方法的作用类似，它们的区别在于 call()方法接收的是参数列表，而 apply()方法接收的是参数数组。代码如下：

```
function test1(x,y) {
    console.log(x+y);
```

```
}
function test2(a,b) {
    test1.apply(this,[a,b]);
}
test2('hello','world');                 //输出: hello world
```

6.1.3　函数的参数

1. 函数参数分类

函数的参数有形参和实参之分。形参是函数定义时一同定义的参数，实参是调用函数时实际传入的参数。代码如下：

```
function add(x,y) {
    return x + y;
};
add(1,2);
```

在上述代码中，函数定义时定义的参数 x、y 即为形参，函数调用时传入的参数 1、2 即为实参。

2. 作为值的函数

因为 ECMAScript 中的函数名本身就是变量，所以函数也可以作为值来使用。

首先，可以像传递参数一样把一个函数传递给另一个函数。代码如下：

```
function fn(fn1,y) {
    return fn1(y);
}
function calc(num) {
    return num + 20;
}
var result1 = fn(calc,10);
console.log(result1);                    //输出: 30
function say(name) {
    return "Hello," + name;
}
var result2 = fn(say,"Bill");
console.log(result2);                    //输出: Hello,Bill
```

其次，也可以将一个函数作为另一个函数的结果返回。代码如下：

```
function fn(prop) {
    return function(obj1,obj2) {
        var val1 = obj1[prop];
        var val2 = obj2[prop];
        if (val1 < val2) {
            return - 1;
        } else if (val1 > val2) {
            return 1;
        } else {
            return 0;
        }
    };
```

```
}
var obj = [{name:"lisa",age:28},{name:"bill",age:29}];
obj.sort(fn("name"));
console.log(obj[0].name);                    //输出: bill
obj.sort(fn("age"));
console.log(obj[0].name);                    //输出: lisa
```

6.1.4 函数的属性和方法

1. 函数的属性

ECMAScript 中的函数是对象，因此函数也有自己的属性和方法。每个函数都会包含 length 属性和 prototype 属性。

（1）length 属性。

length 属性表示函数希望接收的命名参数的个数。代码如下：

```
function test1() {
    console.log('hello world!');
}
function test2(x,y,z) {
    console.log(x + y + z);
}
console.log(test1.length);              //输出: 0
console.log(test2.length);              //输出: 3
```

（2）prototype 属性。

prototype 属性指向函数的原型对象，原型对象用于保存该属性的所有实例方法。例如函数的 toString()和 valueOf()等方法都保存在其对应的 prototype 对象下。

2. 函数的方法

每个函数都拥有 apply()方法、call()方法和 bind()方法，其中 apply()方法和 call()方法用于调用函数，而 bind()方法用于创建一个新的函数，当 bind()方法被调用时，这个新函数的 this 被指定为 bind()方法的第一个参数，其余参数将作为新函数的参数供调用时使用。代码如下：

```
var color = 'red';
var obj = {color:"blue"};
function sayColor() {
    console.log(this.color);
    console.log(this);
}
var objSayColor = sayColor.bind(obj);
sayColor();
//输出:
//red
//window
objSayColor();
//输出:
//blue
```

```
//{color:"blue"}
```

除以上 3 种常见方法外，函数还包含一些其他方法，例如 toLocaleString()方法、toString()
方法和 valueOf()方法。

6.1.5　函数的内部对象

arguments 是一个对应于传递给函数参数的集合，即实参的集合。arguments 是一个类数组
对象，可以通过索引访问这些参数。代码如下：

```
function test() {
    console.log(arguments[0] + arguments[1] + arguments[2]);
    console.log(arguments);
}
test(1,2,3);
//输出:
//6
//Arguments(3) [1,2,3,callee:ƒ,Symbol(Symbol.iterator):ƒ]
test('hello','world','!');
//输出:
//hello world!
//Arguments(3) ["hello","world","!",callee:ƒ,Symbol(Symbol.iterator):ƒ]
```

arguments 对象的属性列表如表 6-1 所示。

表 6-1　arguments 对象的属性列表

属性	说明	状态
arguments.length	通过访问 arguments 对象的 length 属性，可以获知有多少个参数传递给了函数	
arguments.callee	该属性是一个指针，指向拥有这个 arguments 对象的函数	
arguments[@@iterator]	返回一个新的 Array 迭代器对象，该对象包含参数中每个索引的值	
arguments.caller	指向调用当前函数的函数	已废弃

arguments 的 length 属性返回传递给函数的参数个数。代码如下：

```
function sayHello(x,y,z,m,n) {
    console.log(arguments.length);
}
sayHello(1,2,3);                         //输出: 3
```

arguments 是一个类数组对象，顾名思义，类数组就是类似数组的对象，它拥有 length 属性，
且可通过下标访问。但是它不是数组，因此数组的一些方法并不适用于它。

函数内部的另一个特殊对象是 this，this 引用的是函数据以执行的环境对象，例如，当在网
页的全局作用域中调用函数时，this 对象引用的就是 window。代码如下：

```
window.color = "red";
var o = {color:"blue"};
function sayColor() {
    console.log(this.color);
}
sayColor();                                  //输出: "red"
o.sayColor = sayColor;
o.sayColor();                                //输出: "blue"
```

6.1.6　函数表达式

函数表达式是一种应用非常广泛的创建函数的方法。语法如下：

```
var functionName = function(arg0,arg1,arg2) {
    //函数体
};
```

函数表达式和常规的变量赋值语句一样，即创建一个函数并将其赋值给变量 functionName。因为 function 关键字后面没有标识符，所以此函数称为匿名函数，也可以称为拉姆达函数。

函数表达式的应用非常广泛，可用于闭包、递归、模仿块级作用域等。闭包和递归在后面章节中会具体介绍，本节主要介绍如何利用函数表达式模仿块级作用域等内容。

在 ES6 之前，JavaScript 是没有块级作用域的，这样可能会导致程序运行时不能达到预期的效果等问题。

例如，在循环语句中使用匿名函数进行数组元素的赋值，代码如下：

```
function testFn() {
    var arr = [];
    for (var i=0;i < 5;i++) {
        arr[i] = function() {
            return i;
        };
    }
    return arr;
}
let test=testFn();
console.log(test[0]());                       //输出: 5
console.log(test[1]());                       //输出: 5
console.log(test[2]());                       //输出: 5
console.log(test[3]());                       //输出: 5
console.log(test[4]());                       //输出: 5
```

上述创建的 testFn()函数返回了一个函数数组。预期数组中的每个函数可以返回其对应的索引值，但是函数最终都返回数值 5，与预期不符。这是因为当 testFn()函数返回数组后，数组中的元素都指向同一个函数，这个函数返回 i，而此时 i 的值是 5，结果函数都返回 5。

这时可以通过声明匿名函数，然后立即调用的方法达到预期目的。例如，在循环语句中使用匿名函数进行数组元素的赋值，上述代码可修改如下：

```
function testFn() {
    var arr = [];
    for (var i=0;i < 5;i++) {
        arr[i] = (function(num) {
            return num;
        })(i);
    }
    return arr;
}
let test=testFn();
console.log(test[0]);              //输出：0
console.log(test[1]);              //输出：1
console.log(test[2]);              //输出：2
console.log(test[3]);              //输出：3
console.log(test[4]);              //输出：4
```

函数表达式还常用于创建特权方法等。任何在函数中定义的变量，都可以认为是私有变量，因为不能在函数的外部访问这些变量。私有变量包括函数的参数、局部变量和在函数内部定义的其他函数。

把有权访问私有变量和私有函数的公有方法称为特权方法（privileged method）。可以在构造函数中定义特权方法，基本模式如下：

```
function MyObject() {
    //私有变量和私有函数
    var privateVar = 10;
    function privateFn() {
        return false;
    }
    //特权方法
    this.publicFn = function() {
        privateVar++;                   //直接访问私有变量 privateVar
        return privateFn();             //直接访问私有方法 privateFn()
    };
}
```

利用私有和特权成员，可以隐藏那些不应该被直接修改的数据，代码如下：

```
function Person(name) {
    this.getName = function() {
        return name;
    };
    this.setName = function (value) {
        name = value;
    };
}
var person = new Person("Nicholas");
console.log(person.getName());          //输出："Nicholas"
person.setName("Greg");
```

```
console.log(person.getName());            //输出: "Greg"
```

通过在私有作用域中定义私有变量或私有函数,同样可以创建特权方法。其基本模式如下:

```
(function() {
    //私有变量和私有函数
    var privateVar = 10;
    function privateFn() {
        return false;
    }
    //构造函数
    Fn = function() {
    };
    //特权方法
    Fn.prototype.publicFn = function() {
        privateVar++;
        return privateFn();
    };
})();
```

这种模式创建了一个私有作用域,并在其中封装了一个构造函数及其相应的方法。因为没有在声明 MyObject 时使用 var 关键字,所以 MyObject 就成了一个全局变量,能够在私有作用域之外被访问到（在严格模式下给未经声明的变量赋值会导致错误）。代码如下:

```
(function() {
    var name = "";
    Person = function(value) {
        name = value;
    };
    Person.prototype.getName = function() {
        return name;
    };
    Person.prototype.setName = function (value) {
        name = value;
    };
})();
var person1 = new Person("Bill");
var person2 = new Person('Greg');
var person3 = new Person('Lisa')
console.log(person1.getName());        //输出: "Lisa"
console.log(person2.getName());        //输出: "Lisa"
console.log(person3.getName());        //输出: "Lisa"
```

在 JavaScript 中,构造函数通常用来创建对象实例,被创建的对象通常会拥有自己独特的属性。在上述代码中,Person 构造函数与 getName()方法和 setName()方法都可以访问私有变量 name。Person 构造函数每次传入参数 name 创建新对象时,会影响到所有通过此构造函数创建的对象实例。这种情况下的 name 通常被称为静态私有变量。

当某个变量是一个静态的、由所有实例共享的属性时,它被称为静态私有变量。通过上面这种模式创建静态私有变量会因为使用原型而增进代码复用,但每个对象实例都没有自己的私有变量。实际情况中到底是使用实例变量还是使用静态私有变量，最终还要视需求而定。

关于构造函数，将在第 7 章中具体介绍。

6.1.7　函数的作用域链

1. 执行环境

执行环境（execution context）是 JavaScript 中非常重要的一个概念。执行环境定义了变量或函数有权访问的其他数据，决定了它们各自的行为。每个执行环境都有一个与之对应的变量对象，该对象保存着这个环境中定义的变量和函数，且该对象仅供解析器在后台处理数据时使用。

JavaScript 执行环境主要包括全局执行环境和函数执行环境。在 Web 浏览器中，全局执行环境被认为是 window 对象。因此，所有全局变量和函数都被作为 window 对象的属性和方法创建。执行环境会在所有的代码运行完毕时被销毁，其中保存的变量和函数也随之销毁。比如，全局执行环境会在网页关闭或浏览器关闭时被销毁。

每个函数都有自己的执行环境，当函数被调用时，执行流进入函数，函数的执行环境被推入一个环境栈中。函数执行完成后，栈将弹出该函数的执行环境。

2. 函数的作用域链

当代码在一个执行环境中执行时，会创建变量对象的一个作用域链。作用域链可以保证执行环境中有权访问的变量和函数的有序访问。

作用域链的开端，始终都是当前执行的代码所在执行环境的变量对象。然后是作用域链的包含（外部）执行环境，接下来是上一个包含执行环境的包含执行环境，一直延续到全局执行环境。全局执行环境的变量对象始终都是作用域链中的最后一个对象。

当解析变量、函数、标识符时，就是从作用域链开始沿着作用域链一级一级搜索标识符的过程，直到找到为止。如果搜索完作用域链还没有找到对应的标识符，一般就会导致错误发生。

例如，不同的执行环境可以访问的变量不同，代码如下：

```
var lname = "lisa";
function change() {
    var tname = "tom";
    function quote() {
        var dname = tname;
        tname = lname;
        lname = dname;
        //可以访问变量 dname、tname、lname
    }
    quote();
    //可以访问变量 tname 和 lname, 不能访问变量 dname
}
```

```
change();
//只可以访问变量 lname
```

以上代码共包括 3 个执行环境：window 全局执行环境、change()函数执行环境和 quote()函数执行环境。window 全局执行环境中包含变量 lname 和函数 change()，change()函数执行环境中包含变量 tname 和函数 quote()，quote()函数执行环境包含变量 dname。

在 quote()函数执行环境中，首先可以访问自己执行环境中的 dname 变量，然后沿着作用域链也可以找到它的包含执行环境中的 tname，继续向上还可以搜索到 lname。图 6-1 可以形象地展示 JavaScript 函数的作用域链。

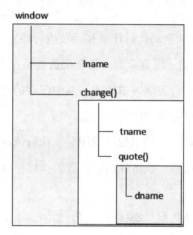

图 6-1　JavaScript 函数的作用域链

图 6-1 中的矩形表示特定的执行环境。这些执行环境之间的联系是线性且有秩序的。内部执行环境可以通过作用域链访问所有的外部执行环境的变量和函数，但外部执行环境不能访问内部执行环境中的变量和函数。每个执行环境都可以向上搜索作用域链，以查询变量和函数名；但任何执行环境都不能通过向下搜索作用域链而进入另外一个执行环境。

6.1.8　JavaScript 不支持重载函数

重载函数是函数的一种特殊情况，为方便使用，C++等语言允许在同一范围中声明多个功能类似的同名函数，但是这些同名函数的形式参数（指参数的个数、类型或者顺序）必须不同。重载函数就是相当于用同一个运算符完成不同的运算功能。

JavaScript 是一种弱类型语言，它不检测参数的类型，也就无法区分两个功能不同但函数名相同的函数，且 JavaScript 函数是对象，函数名是指向对象的指针，当第二次定义同名函数的时候，函数名就指向新的函数，也就是覆盖前一个函数。因此，JavaScript 函数是不支持重载的。代码如下：

```
//C语言中会认为以下两个函数不是同一个函数，但是 JavaScript 没有此概念
//JavaScript 会认为这两个函数就是一个函数，没有重载和重写的说法
function sayHello() {
    console.log("Hello World!");
}
function sayHello(name,message) {
    console.log ("Hello" + name + "," + message);
}
sayHello();                        //输出：Hello undefined,undefined
```

6.2　ES6 函数的新特性

6.2.1　设置参数默认值

ES6 之前不能直接给函数参数设置默认值，只能通过一些间接的方法去设置默认值。代码如下：

```
function test(x,y) {
    if (typeof y === 'undefined') {
        y = 'World';
    }
    console.log(x,y);
}
test('Hello')                      //输出：Hello World
test('Hello','China')              //输出：Hello China
test('Hello',0)                    //输出：Hello 0
```

ES6 允许为函数的参数设置默认值，默认值直接写在参数定义的后面。这样，使得设置参数默认值的过程变得简单且直观。代码如下：

```
function test(x,y='world') {
    console.log(x,y);
}
test('Hello')                      //输出：Hello World
test('Hello','China')              //输出：Hello China
test('Hello',0)                    //输出：Hello 0
```

在使用函数参数默认值的过程中，有以下两点需要注意。

（1）函数不能有同名参数。

（2）设置默认值的参数尽量是尾参数，即最后一个参数，这样方便对其他参数传值。

代码如下：

```
function test(x,x,y) {
    console.log(x+x+y);            //不报错
}
function test(x,x,y=1) {
```

```
    console.log(x+x+y);                          //报错: Uncaught SyntaxError
}
```

参数默认值可以与解构赋值的默认值结合起来使用, 代码如下:

```
function test1({x = 0,y = 0} = {}) {
    return [x,y];
}
function test2({x,y} = {x:0,y:0}) {
    return [x,y];
}
//函数没有参数的情况
console.log(test1());                         //输出: [0,0]
console.log(test2());                         //输出: [0,0]
//x 和 y 都有值的情况
console.log(test1({x:3,y:8}));                //输出: [3,8]
console.log(test2({x:3,y:8}));                //输出: [3,8]
//x 有值, y 无值的情况
console.log(test1({x:3}));                    //输出: [3,0]
console.log(test2({x:3}));                    //输出: [3,undefined]
//x 和 y 都无值的情况
console.log(test1({}));                       //输出: [0,0];
console.log(test2({}));                       //输出: [undefined,undefined]
console.log(test1({z:3}));                    //输出: [0,0]
console.log(test2({z:3}));                    //输出: [undefined,undefined]
```

指定了默认值以后, 函数的 length 属性将失真, 将返回不包括指定默认值参数的剩余参数的个数。如果设置默认值的参数不是最后一个参数, 那么设置默认值的参数后面的参数也将不再计入 length 属性。rest 参数也不会计入 length 属性。代码如下:

```
//实例 1
//报错: Uncaught SyntaxError:
function test(a,...b,c) {
    console.log(a);
}
//实例 2
console.log((function (a) {}).length);              //输出: 1
console.log((function (a = 5) {}).length);          //输出: 0
console.log((function (a,b,c = 5) {}).length);      //输出: 2
console.log((function (a = 0,b,c) {}).length);      //输出: 0
console.log((function (a,b = 1,c) {}).length);      //输出: 1
console.log((function(...args) {}).length);         //输出: 0
```

6.2.2 函数的严格模式

严格模式是 ES5 在正常运行模式基础上提出的第二种运行模式, 它要求 JavaScript 在更为严格且严谨的条件下运行。严格模式通过在脚本或函数的头部添加'use strict'表达式来声明。

ES7 规定，在函数的参数使用了默认值、解构赋值或扩展运算符的情况下，函数内部不能显式设定为严格模式，否则会报错。

例如，可以通过设置全局性的严格模式来规避这种限制，代码如下：

```
'use strict';
function test(x=5) {
    console.log(x);
}
test();                          //输出: 5
```

除此之外，还可以通过将函数放在一个没有参数的立即执行的函数里来规避限制，代码如下：

```
let num=(function() {
    'use strict';
    return function test(x=5) {
        console.log(x);
    }
})();
num();                           //输出: 5
```

6.2.3 引入 rest 参数

ES6 引入 rest 参数。rest 参数用于获取函数的多余参数，可以取代 arguments 对象。rest 参数类似于数组的扩展运算符，都是使用 "…" 加上变量名。rest 参数变量中保存的是由函数多余参数组成的数组。代码如下：

```
function add(...values) {
    let sum = 0;
    for (var x of values) {
        sum += x;
    }
    return sum;
}
console.log(add(1,2,3));         //输出: 6
```

除此之外，还可以利用 rest 参数改写数组的 push()方法，代码如下：

```
//利用 rest 参数改写数组的 push 方法
function push(arr,...,items) {
    items.forEach(function(i) {
        arr.push(i);
        console.log(i);
    });
}
var a = [];
push(a,1,2,3,4);
//输出:
//1
```

```
//2
//3
//4
```

注意：rest 参数只能放在参数的最后位置，并有且只能有一个 rest 参数。rest 参数也不会计入 length 属性。代码如下：

```
console.log((function(a) {}).length);          //输出: 1
console.log((function(...a) {}).length);       //输出: 0
console.log((function(a,...b) {}).length);     //输出: 1
```

6.2.4　引入 name 属性

ES6 将函数的 name 属性写入了标准，用于返回函数的函数名。

函数返回函数名时，有以下 3 种较为特殊的返回值。

（1）如果将一个匿名函数赋值给一个变量，则 ES5 的 name 属性会返回空字符串，而 ES6 的 name 属性会返回实际的变量名。

（2）通过 new+Function 构造函数定义的函数实例，name 属性的值为 anonymous。

（3）bind 返回的函数，name 属性值会加上 bound 前缀。

代码如下：

```
//实例1
var f = function() {};
//ES5 函数表达式中匿名函数的 name 属性为空
f.name//""
//ES6 函数表达式中匿名函数的 name 属性为变量名
f.name//"f"
//实例2
console.log(((new Function).name));                      //输出: anonymous
//实例3
function foo() {};
console.log((foo.bind({}).name));                        //输出: bound foo
console.log(((function(){}).bind({}).name));             //输出: bound
```

6.2.5　箭头函数

ES6 允许使用"箭头"（=>）定义函数。箭头函数相当于匿名函数，并且简化了函数的定义。箭头函数有两种格式：一种只包含一个表达式，省略了{...}和 return；还有一种可以包含多条语句，这时就不能省略{...}和 return。如果箭头函数不需要参数或需要多个参数，就使用一个圆括号代表参数部分。代码如下：

```
//实例1
var f = v => v;
//等同于
```

```
var f = function (v) {
    return v;
};
//实例 2
var f = () => 5;
//等同于
var f = function () {return 5};
//实例 3
var sum = (num1,num2) => num1 + num2;
//等同于
var sum = (num1,num2) => {return num1 + num2;}
//等同于
var sum = function(num1,num2) {
    return num1 + num2;
};
```

由于代码块和对象都使用大括号{}来表示，为了便于区别，当箭头函数返回的是一个对象时，需要在对象外面加上圆括号。代码如下：

```
//不报错
let fun1= id => ({id:id,name:'lisa'});
console.log(fun1(1));                    //输出：{id:1,name:"lisa"}
//报错
let fun2= id => {id:id,name:'lisa'};
```

使用箭头函数时，需要注意以下 7 点。

（1）箭头函数没有自己的 this、arguments、super 或 new.target。

（2）箭头函数表达式更适合那些本来需要匿名函数的地方。

（3）箭头函数没有自己的 this，函数体内的 this 对象就是定义时所在的对象，而不是使用时所在的对象。

（4）箭头函数没有自己的 arguments，因此不可在函数体内使用 arguments 对象。如果需要用到 arguments，也可以用 rest 参数代替。

（5）箭头函数不能用作构造函数。

（6）箭头函数不能用作 Generator 函数。

（7）由于箭头函数没有自己的 this，因此不能使用 call()方法、apply()方法、bind()方法去改变 this 的指向。

代码如下：

```
function Timer() {
    this.s1 = 0;
    this.s2 = 0;
//箭头函数
    setInterval(() => this.s1++,1000);
```

```
//普通函数
    setInterval(function() {
        this.s2++;
    },1000);
}
var timer = new Timer();
setTimeout(() => console.log('s1:',timer.s1),4100);    //输出: s1:4
setTimeout(() => console.log('s2:',timer.s2),4100);    //s2:0
```

6.2.6 优化尾调用

尾调用是指函数执行的最后一步为调用另外一个函数。因为函数在没有返回值的情况下，最后一步默认执行的是返回 undefined，所以函数的最后一步需要显示指定返回另一个函数才能构成尾调用函数。

ES6 对函数的引擎优化进行了改动，改变了尾调用的系统。当在一个函数内部调用另外一个函数时，ES6 在严格模式下力图为特定的尾调用减少调用栈，以减少对内存的消耗。

ES6 引擎对函数的尾调用进行优化，需要满足以下几个条件。

（1）尾调用不能是闭包，即不能引用外部函数的变量。

（2）进行尾调用的函数在尾调用返回结果后不能执行额外操作。

（3）当前函数的返回值为尾调用的结果。

代码如下：

```
"use strict";
function doSomething() {
    //被优化
    return doSomethingElse();
}
```

6.3 递归函数

6.3.1 递归函数概述

递归函数用于在函数内调用函数本身，典型例子就是使用函数求斐波那契数列，代码如下：

```
function fibonacci(n) {
    if(n == 0 || n == 1){
        return n;
    }
    else{
        return fibonacci(n-1) + fibonacci(n-2)
    };
};
console.log(fibonacci(10));                          //输出: 55
```

当函数 fibonacci()赋值给另外一个变量时，可能会发生如下情况：

```
function fibonacci(n) {
    if(n == 0 || n == 1){
        return n;
    }
    else{
        return fibonacci(n-1) + fibonacci(n-2)
    };
};
var fibonacci2=fibonacci;
fibonacci=null;
console.log(fibonacci2(10));
//报错: Uncaught TypeError:fibonacci is not a function
//因为此时 fibonacci2 内部的 fibonacci 已不存在
```

因此，在非严格模式下，可以使用 arguments.callee()方法。arguments.callee()方法指向正在执行函数的指针，可以取代递归中直接调用的函数名。代码如下：

```
function fibonacci(n) {
    if(n == 0 || n == 1) {
        return n;
    }
    else {
        return arguments.callee(n-1) + arguments.callee(n-2)
    };
};
var fibonacci2 = fibonacci;
fibonacci = null;
console.log(fibonacci2(10));                    //输出: 55
```

递归函数常用来解决一些循环重复的问题，虽然很好用，但是它很消耗性能。比如，上述代码中，如果 n 的值传入 100，浏览器窗口就可能卡死。使用递归函数时一定要注意有结束条件，否则会导致死循环。

6.3.2　递归函数的应用

递归函数常被用来解决一些计算方面的问题，比如阶乘函数、幂函数、斐波那契数列、汉诺塔等。

使用递归函数进行数值计算的代码如下：

```
//递归函数用于计算阶乘
function factorial(num) {
    if (num <= 1) {
        return 1;
    } else {
        return num * factorial(num-1);
    }
}
console.log(factorial(5));                    //输出: 120
```

```
//递归函数用于计算汉诺塔
//参数 num 表示圆盘的数量，oneS 代表源柱子，two 代表辅助柱子，thrT 代表目标柱子
function hanoi(num,oneS,two,thrT) {
    if(num>0) {
        hanoi(num - 1,oneS,thrT,two);
        console.log("move" + num + "from" + oneS + "to" + thrT);
        hanoi(num - 1,two,oneS,thrT);
    }
}
hanoi(4,'A','B','C');
//输出：
//move 1 from A to B
//move 2 from A to C
//move 1 from B to C
//move 3 from A to B
//move 1 from C to A
//move 2 from C to A
//move 1 from A to B
//move 4 from A to C
//move 1 from B to C
//move 2 from B to A
//move 1 from C to A
//move 3 from B to C
//move 1 from A to B
//move 2 from A to C
//move 1 from B to C
```

递归函数还可以非常高效地操作树形结构，比如 DOM 树、多级目录结构、多级导航菜单、家族谱系结构等。

使用递归函数操作树形结构的代码如下：

```
<body>
    <div class = "box">AA</div>
    <span class = "box">BB</span>
    <div class = "box1">CC</div>
    <script>
        function walk(node,func){
            func(node);
            node = node.firstChild;
            while(node){
                walk(node,func);
                node = node.nextSibling;
            }
        }
        function get(att,value) {
            var results = [];
            walk(document.body,function(node) {
                var type=node.nodeType===1&&node.getAttribute(att);
                if(typeof type==='string'&&(type===value||typeof value!=='string')) {
                    results.push(node);
                }
            });
            return results;
```

```
    }
    console.log(get("class","box"));          //输出: [div.box,span.box]
    </script>
</body>
```

6.3.3　尾递归

可以把尾调用在递归函数中，这样可以解决递归函数消耗性能的问题。把尾调用套用在递归函数中称为尾递归。将第 6.3.1 节中的斐波那契数列函数改写为尾递归函数，代码如下:

```
function fTail(n,a = 0,b = 1) {
    if (n === 0) return a
    return fTail(n - 1,b,a + b)
}
console.log(fTail(1000));          //输出: 4.346655768693743e+208
```

从上述代码可以看出，使用尾递归后，n 传入较大的值也能很快运行出结果。由此可见尾调用优化对递归操作意义重大。可以通过将递归函数改写为尾递归的形式来提高运行效率。递归函数改写成尾递归函数通常是通过将所有需要用到的内部变量改写成函数参数的方式来实现。

6.3.4　递归与迭代的区别

递归函数是指在函数内调用函数本身，即 A 函数调用 A 函数。迭代是重复反馈过程的活动，每一次迭代的结果会作为下一次迭代的初始值，即 A 重复调用 B，比如数组的 every()方法就属于一种数组的迭代方法。

递归与迭代可以相互转换，相比较而言，递归存在更耗性能、效率较低的问题，但是代码非常简洁、清晰。

使用迭代的方法重写斐波那契数列数列和阶乘函数的代码如下:

```
//斐波那契数列
function fibonacci(n) {
    if(n === 0 || n === 1) return n;
    if(n <= 0) return;
    let x = 1;
    let y = 1;
    for(let i= 3;i <= n;i++) {
        x += y;
        y = x - y;
    }
    return x;
}
console.log(fibonacci(10));          //输出: 55
//阶乘函数
function f(n) {
    if(n === 0) return 0;
    let x = 1;
    for(let i = 1;i <= n;i++) {
```

```
        x *= i;
    }
    return x;
};
console.log(f(5));                                      //输出：120
```

6.4 回调函数

在 JavaScript 中，函数是对象的一种，由于对象可以作为参数传递给函数，因此，函数也可以作为参数传递给另外一个函数，这个作为参数的函数称为回调函数。

像使用变量一样，可以将回调函数作为另一个函数的参数进行使用，再作为返回结果在另一个函数中调用。要注意的是，这里我们只是传递了函数的定义，没有在参数中立即执行该函数，该函数会在某个时间点在包含它的函数内被"回调"。

例如，在 forEach()函数内部回调对象自身，代码如下：

```
var friends = ["Bill","Lisa","Andy","Tom"];
friends.forEach(function (eachName,index) {
    console.log((index + 1) + "." + eachName);
});
//输出：
//1.Bill
//2.Lisa
//3.Andy
//4.Tom
```

6.4.1 回调函数简介

1. 使用命名函数或匿名函数作为回调函数

可以使用命名函数或匿名函数的方式作为回调函数。

（1）匿名函数作为回调函数，代码如下：

```
var person = "Bill";
function getInput(obj,callback) {
    var arr = [];
    arr.push(obj);
    //将全局变量 generalLastName 传递给回调函数
    callback(person,arr);
}
getInput({name:"Rich",fancy:"travel"},function(person,arr) {
    console.log(person + ":" + arr[0].fancy);          //输出：Bill:travel
});
```

（2）命名函数作为回调函数，代码如下：

```
var person = "Bill";
function getInput(obj,callback) {
    var arr = [];
```

```
    arr.push(obj);
    //将全局变量 generalLastName 传递给回调函数
    callback(person,arr);
}
function fn(person,arr) {
    console.log(person + ":" + arr[0].fancy)
}
getInput({name:"Rich",fancy:"travel"},fn);                    //输出: Bill:travel
```

2. 向回调函数传递参数

执行时，回调函数和一般函数类似，可以向其传递参数，可以将包含函数的属性作为参数传递给回调函数，代码如下：

```
//全局变量
var person = "Bill";
function getInput (obj,callback) {
    allUserData.push (obj);
    //将全局变量 generalLastName 传递给回调函数
    callback (person,obj);
}
```

3. 多重回调函数

可以将多个回调函数作为参数传递给另一个函数，像传递多个变量一样，代码如下：

```
function successCallback() {
    //在发送之前做点什么
}
function succeedCallback() {
    //在信息被成功接收之后做点什么
}
function completeCallback() {
    //在完成之后做点什么
}
function errorCallback() {
    //当错误发生时做点什么
}
$.ajax({
    url:"xxx",
    success:succeedCallback,
    complete:completeCallback,
    error:errorCallback
});
```

4. "回调地狱"问题

异步代码采用按任意顺序的简单方式执行，会出现多层级的回调函数情况，进而导致代码看起来比较凌乱，即为"回调地狱"问题。代码如下：

```
var p_client = new Db('integration_tests_20',new Server("127.0.0.1",27017,{}),{
    'pk':CustomPKFactory
});
```

```
p_client.open(function (err,p_client) {
    p_client.dropDatabase(function (err,done) {
        p_client.createCollection('test_custom_key',function (err,collection) {
            collection.insert({
                'a':1
            },function (err,docs) {
                collection.find({
                    '_id':new ObjectID("aaaaaaaaaaaa")
                },function (err,cursor) {
                    cursor.toArray(function (err,items) {
                        test.assertEquals(1,items.length);
                        //Let's close the db
                        p_client.close();
                    });
                });
            });
        });
    });
});
```

可以通过以下两种方式来解决这个问题：①不在主函数的参数中直接定义匿名函数，而是先对函数命名，然后将其名称作为回调函数。②将代码分割到模块中，完成特定的工作。

5. 自定义回调函数

有些非常复杂的函数可以通过回调函数的方式来创建，函数的实现会变得简单。代码如下：

```
function genericPoemMaker(name,gender) {
    console.log(name + "is finer than fine wine.");
    console.log("Altruistic and noble for the modern time.");
    console.log("Always admirably adorned with the latest style.");
    console.log("A" + gender +
        "of unfortunate tragedies who still manages a perpetualsmile");
}
//callback，参数的最后一项是我们在上面定义的 genericPoemMaker() 函数
function getUserInput(firstName,lastName,gender,callback) {
    var fullName = firstName + " " + lastName;
    //确保回调是一个函数
    if (typeof callback === "function") {
        //执行回调函数并将参数传递给它
        callback(fullName,gender);
    }
}
function greetUser(customerName,sex) {
    var salutation = sex && sex === "Man" ? "Mr.":"Ms.";
    console.log("Hello," + salutation + " " + customerName);
}
//将 greetUser 作为一个回调函数
getUserInput("Bill","Gates","Man",greetUser);
//这里是输出 Hello,Mr.Bill Gates
```

6. 使用 this 对象

（1）使用 this 对象的方法作为回调函数。

当使用 this 对象的方法作为回调函数时，必须通过改变执行回调函数的方式来保证 this 对象的上下文。

使用 this 对象的方法作为回调函数的代码如下：

```
//定义一个拥有属性和方法的对象
//将方法作为回调函数传递给另外一个函数
var clientData = {
    id:096545,
    fullName:"Not Set",
    //setUsrName 是 clientData 对象中的方法
    setUserName:function (firstName,lastName) {
        this.fullName = firstName + " " + lastName;
    }
}
function getUserInput(firstName,lastName,callback) {
    //code…
    //调用回调函数并存储
    callback(firstName,lastName);
}
getUserInput("Barack","Obama",clientData.setUserName);
console.log(clientData.fullName);              //输出：Not Set
console.log(window.fullName);                  //输出：Barack Obama
```

在上述代码中，当执行 clientData.setUsername 时，this.fullName 没有设置 clientData 对象中的 fullName 属性。这是由于 callback 中的 this 指向 window，因此将设置 window 对象中的 fullName 属性。

（2）使用 Call()函数和 Apply()函数改变 this 对象的指向。

可以使用 Call()函数或 Apply()函数解决 this 指向的问题。JavaScript 中的函数有 Call()和 Apply()两个，它们用于设置函数内部的 this 对象以及传递变量。

以 Apply()函数为例进行说明，Call()函数的用法与 Apply()函数的用法相似，代码如下：

```
//增加新的 callbackObj 参数作为回调对象
function getUserInput(firstName,lastName,callback,callbackObj) {
    //code…
    callback.apply(callbackObj,[firstName,lastName]);
}
```

```
getUserInput("Barack","Obama",clientData.setUserName,clientData);
console.log(clientData.fullName);                    //输出: Barack Obama
```

6.4.2　回调函数的特点与优点

综合上述对回调函数的讲解与实例分析，下面对回调函数所具有的特点与优点进行总结。

（1）回调函数的特点主要包括以下几方面。

①不会立即执行。

②回调函数是一个闭包。

③在执行回调函数之前对其进行类型判断。

④this 的使用。

⑤允许多重回调函数。

⑥回调函数可以嵌套使用。

（2）回调函数的优点主要包括以下几方面。

①避免代码重复。

②实现逻辑抽象。

③加强代码的可维护性和可读性。

④分离函数。

6.5　Generator 函数

6.5.1　Generator 函数简介

1. 了解异步编程

异步编程是相对于同步编程而言的。同步编程是指浏览器引擎按照编程顺序依次执行代码。如果执行当前代码非常耗时，那么后续代码必须等待它执行完毕后才可以执行。

异步执行就是在当前任务的响应返回之前，可以继续执行后续代码。

2. Generator 基本概念

Generator 函数是 ES6 提供的一种异步编程解决方案，语法行为与传统函数的完全不同。从形式上看，Generator 函数区别于普通函数的特征主要有以下两个。

（1）function 关键字与函数名之间有一个星号（*）。

（2）函数内部使用 yield 表达式（yield 在英语里是"产出"的意思）。

创建简单的 Generator 函数的代码如下：

```
function* test() {
    console.log('hello Generator');
    yield 'hello';
    yield 'GeneratorFunction';
    return 'ending';
}
var g = test();
console.log(g);                    //输出: test {<suspended>}
```

上述代码中，调用 test()函数后，控制台并未输出'hello Generator'，说明函数体内的代码并未运行。

调用 Generator 函数会返回一个遍历器对象，该遍历器对象可以依次遍历 Generator 函数内部 yield 表达式后的值，yield 表达式是暂停执行的标志。因为 yield 是产出的意思，所以可以把 Generator 函数理解为一个状态机，通过 yield 生产出或保存不同的内部状态。也可以把 Generator 理解为遍历器对象生成的函数。

调用 Generator 函数生成遍历器对象后，函数内部的代码并不执行，可通过遍历器对象的 next()方法来启动遍历器。

调用 Generator 函数生成遍历器对象的代码如下：

```
function* test() {
    console.log('hello Generator');
    yield 'hello';
    yield 'GeneratorFunction';
    return 'ending';
}
var g = test();
console.log(g.next());             //输出: hello Generator
                                   //{value:"hello",done:false}
console.log(g.next());             //{value:"GeneratorFunction",done:false}
console.log(g.next());             //{value:"ending",done:true}
console.log(g.next());             //{value:undefined,done:true}
```

在上述代码中，一共调用了四次 next()方法。

第一次调用，启动遍历器，Generator 函数开始执行，在控制台输出 hello Generator，遇到第一个 yield 表达式停止。next()方法返回一个对象，它的 value 属性就是当前 yield 表达式的值 hello、done 属性的值 false，表示遍历还没有结束。

第二次调用，Generator 函数从上次 yield 表达式停下的地方，一直执行到下一个 yield 表达式。next()方法返回对象，它的 value 属性是当前 yield 表达式的值 GeneratorFunction、done 属性的值 false，表示遍历还没有结束。

第三次调用，Generator 函数从上次 yield 表达式停下的地方，一直执行到 return 语句（如果没有 return 语句，就执行到函数结束）。next()方法返回对象的 value 属性，就是紧跟在 return

语句后面表达式的值(如果没有 return 语句,则 value 属性的值为 undefined)、done 属性的值 true,表示遍历已经结束。

第四次调用,此时 Generator 函数已经运行完毕,next()方法返回对象的 value 属性的值 undefined、done 属性的值 true。以后再调用 next()方法,返回的都是这个值。

综上所述,调用 Generator 函数,会返回一个遍历器对象,然后调用遍历器对象的 next()方法,会返回一个拥有 value 和 done 属性的对象。value 属性显示的是当前内部状态值,即 yield 表达式后面的值;done 属性显示的是布尔值,表示是否遍历结束。

3. yield 表达式

每次调用 Iterator 对象的 next()方法时,内部的指针就会从函数的头部或上一次停下来的地方开始执行,直到遇到下一个 yield 表达式或 return 语句暂停。换句话说,Generator 函数是分段执行的,yield 表达式是暂停执行的标记,而 next()方法可以恢复执行。

遍历器对象的 next()方法的运行逻辑如下。

(1)遇到 yield 表达式,就暂停执行后面的操作,并将紧跟在 yield 后面的那个表达式的值作为返回对象的 value 属性的值。

(2)下一次调用 next()方法时,再继续往下执行,直到遇到下一个 yield 表达式。

(3)如果没有遇到新的 yield 表达式,就一直运行到函数结束,直到遇到 return 语句为止,并将 return 语句后面的表达式的值作为返回对象的 value 属性的值。

(4)如果该函数没有 return 语句,则返回对象的 value 属性的值 undefined。

Generator 函数可以不使用 yield 表达式,这时就变成一个单纯的暂缓执行函数。使用 yield 表达式时要注意以下几点。

(1)yield 表达式只能用在 Generator 函数里面,用在其他地方都会报错。

(2)yield 表达式如果用在另一个表达式中,则必须放在圆括号里面。

(3)yield 表达式用作函数参数或放在赋值表达式的右边,可以不加括号。

代码如下:

```
//实例1
(function() {
    yield 123;
})()
//Uncaught SyntaxError。因为 yield 表达式只能用在 Generator 函数里面
//实例2
function* test() {
    console.log('Hello' + yield);          //SyntaxError
    console.log('Hello' + yield 123);      //SyntaxError
    console.log('Hello' + (yield));        //OK
    console.log('Hello' + (yield 123));    //OK
```

```
}
//实例 3
function* test1() {
    foo(yield 'a',yield 'b');                      //OK
    let x = yield;                                  //OK
}
```

4. yield*表达式

在 Generator 函数内部调用另外一个 Generator 函数时，如果想要访问内部生成器函数里的各个状态，则需要在外部生成器函数体内手动遍历内部生成器包含的状态，这样比较麻烦。ES6 提供了 yield*表达式来解决此问题。

yield*表达式用于在一个 Generator 函数里执行另外一个 Generator 函数，代码如下：

```
function* fn1() {
    yield 'aaa'
    yield 'bbb'
}
function* fn2() {
    yield* fn1()                                    //在 bar 函数中**执行**foo 函数
    yield 'ccc'
    yield 'ddd'
}
let iterator = fn2()
for (let value of iterator) {
    console.log(value)
}
//输出:
//aaa
//bbb
//ccc
//ddd
```

5. next()方法的参数

yield 表达式本身没有返回值，或者总是返回 undefined。next()方法可以接收一个参数，该参数就会被当作上一个 yield 表达式的返回值，代码如下：

```
//实例 1
function* gen(x) {
    let y = 2 * (yield(x + 1))
    //注意: yield 表达式如果用在另一个表达式中，则必须放在圆括号里面
    let z = yield(y / 3)
    return x + y + z
}
let it = gen(5)
console.log(it.next());                             //输出: {value:6,done:false}
console.log(it.next());                             //输出: {value:NaN,done:false}
console.log(it.next());                             //输出: {value:NaN,done:true}
//实例 2
function* gen2(x) {
```

```
    let y = 2 * (yield(x + 1))
    //注意：yield 表达式如果用在另一个表达式中，则必须放在圆括号里面
    let z = yield(y / 3)
    return x + y + z
}
let it2 = gen2(5)
console.log(it2.next());                        //输出：{value:6,done:false}
console.log(it2.next(9));                       //输出：{value:6,done:false}
console.log(it2.next(2));                       //输出：{value:25,done:true}
```

next()方法的参数表示上一个 yield 表达式的返回值，所以在第一次使用 next()方法时，传递参数是无效的。从语义上讲，第一个 next()方法用来启动遍历器对象，所以不用带参数。

6. 与 Iterator 接口的关系

ES6 规定，默认的 Iterator 接口部署在数据结构的 Symbol.iterator 属性上，或者说，一个数据结构只要具有 Symbol.iterator 属性，就可以认为是"可遍历的"（iterable）。

Symbol.iterator 属性本身是一个函数，就是当前数据结构默认的遍历器生成函数。执行这个函数，就会返回一个遍历器。由于执行 Generator 函数实际返回的是一个遍历器，因此，可以把 Generator 赋值给对象的 Symbol.iterator 属性，从而使得该对象具有 Iterator 接口，代码如下：

```
let obj = {};
function* gen() {
    yield 4
    yield 5
    yield 6
}
obj[Symbol.iterator] = gen
for (let value of obj) {
    console.log(value)
}
//输出：
//4
//5
//6
console.log([...obj]);                          //输出：[4,5,6]
```

由于 Generator 函数运行时生成的是一个 Iterator 对象，因此，可以直接使用 for...of 循环遍历，且此时不需要再调用 next()方法。

这里需要注意，一旦 next()方法的返回对象的 done 属性为 true，for...of 循环就会终止，且不包含该返回对象，代码如下：

```
function* gen2() {
    yield 1
    yield 2
    yield 3
    yield 4
    return 5
```

```
}
for (let item of gen2()) {
    console.log(item)                              //输出: 1 2 3 4
}
```

7. Generator.prototype.throw()方法

Generator.prototype.throw()方法用来向 Generator 函数抛出异常，并恢复生成器的执行，返回带有 done 及 value 两个属性的对象，代码如下：

```
function* gen() {
    while (true) {
        try {
            yield 42;
        } catch (e) {
            console.log("Error caught!");
        }
    }
}
var g = gen();
console.log(g.next());                             //输出: {value:42,done:false}
g.throw(new Error("Something went wrong"));        //输出: "Error caught!"
```

8. Generator.prototype.return()方法

Generator 函数返回的遍历器对象，还有一个 return()方法，可以返回给定的值（若没有提供参数，则返回值的 value 属性为 undefined），并且终结遍历 Generator 函数，代码如下：

```
function* gen() {
    yield 1;
    yield 2;
    yield 3;
}
let it = gen()
console.log(it.next());                            //输出: {value:1,done:false}
console.log(it.return('ending'));                  //输出: {value:"ending",done:true}
console.log(it.next());                            //输出: {value:undefined,done:true}
```

6.5.2 Generator 函数的异步应用

1. 异步编程传统方法

传统的实现异步编程的方法主要有回调函数、事件监听、发布/订阅和 Promise 对象等。Generator 函数是 ES6 提供的一种异步解决方案，它将 JavaScript 异步编程带入了一个全新的阶段。

2. 异步基本概念

所谓异步，简单来说就是一个任务不是连续完成的，可以理解成该任务被人为分成两段，先执行第一段，然后执行其他任务，等做好了准备，再执行第二段。

比如 AJAX，首先执行的是向服务器发送请求，然后执行其他任务，待获取到服务器的响应后又继续执行 AJAX 任务。

JavaScript 语言通过回调函数来实现异步编程，将任务的第二段单独写在一个函数里，等到重新执行这个任务的时候，就直接调用这个函数。代码如下：

```
fs.readFile('/etc/passwd','utf-8',function (err,data) {
    if (err) throw err;
    console.log(data);
});
```

Promise 在回调函数的基础上进行改进，使用 then()方法，使得异步编程任务的两段执行得更清楚。代码如下：

```
var readFile = require('fs-readfile-promise');
readFile(fileA)
    .then(function (data) {
        console.log(data.toString());
    })
    .then(function () {
        return readFile(fileB);
    })
    .then(function (data) {
        console.log(data.toString());
    })
    .catch(function (err) {
        console.log(err);
    });
```

3. Generator 函数与异步

Generator 函数最大的特点就是可以交出函数的执行权（即暂停执行）。Generator 函数可以看作是一个封装的异步任务，或者是异步任务的容器。异步操作需要暂停的地方，用 yield 语句注明即可。代码如下：

```
function* gen(x) {
    var y = yield x + 2;
    return y;
}
var g = gen(1);
console.log(g.next());              //输出：{value:3,done:false}
console.log(g.next());              //输出：{value:undefined,done:true}
```

使用 Generator 函数执行异步任务的代码如下：

```
var fetch = require('node-fetch');
function* gen() {
    var url = 'https://api.github.com/users/github';
    var result = yield fetch(url);
    console.log(result.bio);
}
var g = gen();
var result = g.next();
result.value.then(function (data) {
    return data.json();
```

```
}).then(function (data) {
    g.next(data);
});
```

4. Thunk 函数

Thunk 函数是一种可以自动执行 Generator 函数的方法。

编译器的"传名调用"实现，往往是将参数放到一个临时函数中，再将这个临时函数传入函数体。这个临时函数就叫 Thunk 函数。

JavaScript 语言是传值调用，它的 Thunk 函数的含义有所不同。在 JavaScript 语言中，Thunk 函数替换的不是表达式，而是多参数函数，是将其替换成一个只接受回调函数作为参数的单参数函数。任何函数，只要参数有回调函数，就能写成 Thunk 函数的形式。

创建一个简单的 Thunk 函数转换器的代码如下：

```
//ES5 版本
var Thunk = function (fn) {
    return function () {
        var args = Array.prototype.slice.call(arguments);
        return function (callback) {
            args.push(callback);
            return fn.apply(this,args);
        }
    };
};
//ES6 版本
const Thunk = function (fn) {
    return function (...args) {
        return function (callback) {
            return fn.call(this,...args,callback);
        }
    };
};
```

使用上面的转换器生成 fs.readFile 的 Thunk 函数的代码如下：

```
var readFileThunk = Thunk(fs.readFile);
readFileThunk(fileA)(callback);
```

5. co 模块

co 模块是著名程序员 TJ Holowaychuk 于 2013 年 6 月发布的一个小工具，用于 Generator 函数的自动执行，代码如下：

```
var gen = function* () {
    var f1 = yield readFile('/etc/fstab');
    var f2 = yield readFile('/etc/shells');
    console.log(f1.toString());
    console.log(f2.toString());
};
var co = require('co');
co(gen);
```

　　co 模块可以让你不用编写 Generator 函数的执行器，Generator 函数只要传入 co 函数，就会自动执行。

6.6　async 函数

6.6.1　async 函数简介

　　ES2017 标准引入了 async 函数，使得异步操作变得更加方便。async 函数其实就是 Generator 函数的语法糖。async 函数语法在 Generator 函数的基础上将 Generator 函数的星号（*）替换成 async，将 yield 替换成 await。async 函数语法如下：

```
async function name(param0,param1,…,params) {statements}
```

　　在上述语法中，name 代表函数名，param 代表要传入的参数，statements 代表函数体语句。

　　语法糖也译为糖衣语法，是指计算机语言中添加的某种语法，对语言的功能并没有影响，但是增强了程序的可读性，更方便程序员使用，从而减少程序代码出错的概率。

　　与 Generator 函数相比，async 函数的改进主要体现在以下几个方面。

　　（1）async 函数的执行与普通函数的相同，函数名后直接跟括号，函数就会自动执行。这一点与 Generator 调用后内部代码不执行不同。

　　（2）async 和 await，相比星号和 yield，语义更清楚。async 表示函数里有异步操作，await 表示紧跟在后面的表达式需要等待结果。

　　（3）async 具有更广的适用性。

　　（4）async 函数的返回值是 Promise 对象，这比 Generator 函数返回 Iterator 对象更加方便。可以直接使用 then()方法执行下一步的操作。

　　创建简单的 async 函数的代码如下：

```
async function test() {
    return "hello asyncFunction";
}
console.log(test())              //输出: Promise {<resolved>:"hello asyncFunction"}
test().then(v => {
    console.log(v);              //输出: hello asyncFunction
})
```

6.6.2　基本用法

　　async 函数返回一个 Promise 对象，可以使用 then()方法添加回调函数。当函数执行的时候，一旦遇到 await，就会先返回，等到异步操作完成后，再执行函数体内后面的语句，代码如下：

```
function timeout(ms) {
```

```
    return new Promise((x) => {
        setTimeout(x,ms);
    });
}
async function asyncPrint(value,ms) {
    await timeout(ms);
    console.log(value);
}
asyncPrint('hello world',50);                //50 毫秒以后，输出 hello world
```

6.6.3　await 操作符

await 操作符用于等待一个 Promise 对象，它只能在异步函数（async function）内部使用。正常情况下，await 操作符后面是 Promise 对象，则返回该对象的结果，如果等待的不是 Promise 对象，则返回该值本身。如果一个 Promise 被传递给一个 await 操作符，则 await 将等待 Promise 正常处理完成并返回其处理结果。代码如下：

```
function testAwait(x) {
    return new Promise(resolve => {
        setTimeout(() => {
            resolve(x);
        }, 2000);
    });
}
async function helloAsync() {
    var x = await testAwait("hello world");
    console.log(x);
}
helloAsync();                           //输出: hello world
```

6.6.4　顶层 await

根据语法规则，await 命令只能出现在 async 函数内部，否则都会报错。目前，有一个语法提案，允许在模块的顶层独立使用 await 命令。这个提案的目的是借用 await 解决模块异步加载的问题。

6.7　闭包

6.7.1　闭包简介

JavaScript 的变量作用域包括全局变量和局部变量两种。变量作用域非常独特的一点就是函数内部可以直接读取全局变量，而函数外部无法读取函数内部的局部变量。

闭包是指有权访问另一个函数作用域中变量的函数。创建闭包的常见方式就是，在一个函数内部创建另外一个函数。

创建一个简单的闭包函数的代码如下：

```
function CatColor(c) {
    var color = c;
    var color1 = c;
    function setColor() {
        console.log("color:" + color + color1);
    }
    setColor();
}                        //setColor()函数可以访问 CatColor 函数里的变量,它就是一个闭包函数
```

6.7.2 使用 return 语句实现闭包

实际情况中,需要在函数外部访问函数内部的变量。JavaScript 是无法直接实现的,这时就需要使用一些变通方法,例如,可以通过闭包形式来达到函数外部访问函数内部变量的需求,即通过在函数内部 return 另外一个内部函数,然后在函数外部调用内部函数来实现,且这样也可以避免全局污染。

使用 return 语句实现闭包的代码如下：

```
function test1() {
    var n = 100;
    return function test2() {
        console.log(n += 100);
    }
}
var result = test1();
result();                              //输出：200
result();                              //输出：300
result();                              //输出：400
```

其中 return 内部函数的闭包允许将函数与其所操作的某些数据（环境）关联起来。通常,在使用只有一个方法的对象的地方,都可以使用闭包。

例如,在页面上添加可以调整字号的按钮的代码如下：

```
<body>
    <h1>hello world!</h1>
    <h2>hello closure function!</h2>
    <a href='#' id='size_12'>12</a>
    <a href='#' id='size_14'>14</a>
    <a href='#' id='size_16'>16</a>
    <script>
        function changeStyle(size) {
            return function () {
                document.body.style.fontSize = size + 'px';
            }
        }
        var size12 = changeStyle(12);
        var size14 = changeStyle(14);
        var size16 = changeStyle(16);
        document.querySelector('#size_12').onclick = size12;
```

```
        document.querySelector('#size_14').onclick = size14;
        document.querySelector('#size_16').onclick = size16;
    </script>
</body>
```

使用 return 语句实现闭包的效果如图 6-2 所示。

图 6-2　使用 return 语句实现闭包的效果

6.7.3　使用闭包模拟私有方法

编程语言中，例如 Java 语言，支持将方法声明为私有方法，这些私有方法只能被同一个类中的其他方法所调用。而 JavaScript 没有这种原生支持，但是我们可以利用闭包来模拟私有方法。

例如，使用闭包来定义公共函数，并令其可以访问私有函数和私有变量，代码如下：

```
var fn = function() {
    var privateVar = 0;                      //私有变量
    function change(val) {                   //私有函数
        privateVar += val;
    }
    return {
        add:function() {
            change(1);
        },
        reduce:function() {
            change(-1);
        },
        value:function() {
            return privateVar;
        }
    }
};
var obj1 = fn();
var obj2 = fn();
console.log(obj1.value());                   //输出: 0
obj1.add();
obj1.add();
console.log(obj1.value());                   //输出: 2
obj1.reduce();
console.log(obj1.value());                   //输出: 1
console.log(obj2.value());                   //输出: 0
```

由于闭包函数可使函数中的变量保存在内存中，而不是被销毁，因此会大量消耗内存。不恰当地使用可能会导致内存泄漏的问题，所以不能滥用闭包。使用闭包时，在函数退出前，将删除不使用的局部变量来避免内存泄漏问题。

6.7.4 闭包的特性

根据以上内容，可以总结出闭包函数通常具有以下特性。

（1）函数里嵌套另外一个函数。

（2）函数内部可以引用外部函数的变量和参数。

（3）外部函数可以返回内嵌函数。

当一个函数同时满足有内嵌函数、内嵌函数可以引用外部函数中的变量、外部函数可以返回内嵌函数时，它就是一个闭包函数。

6.8 函数的防抖和节流

在搜索引擎的搜索框中输入需要搜索的信息，就会出现相关匹配选项。但是你可能没有注意到，当连续输入时，是不会出现对应匹配选项的，而是在稍有停顿的时候匹配选项才会出现。这种效果就是通过函数防抖（debounce）或函数节流来实现的。

6.8.1 函数防抖

函数防抖是指当一个事件被连续频繁地触发时，只针对最后一次事件调用处理函数。

简单实现函数防抖的代码如下：

```
function debounce(fn,wtime) {
    var timer;
    return function() {
        var args = Array.prototype.slice.apply(arguments);
        if(timer) {
            clearTimeout(timer);
        };
        timer = setTimeout(function() {
            fn.apply(this,args);
        },wtime);
    }
}
```

不使用函数防抖和函数节流的代码如下：

```
<body>
    <div class = 'con'></div>
    <script>
        let num = 1;
```

```
        let oCon = document.querySelector('.con');
        oCon.onmousemove = function() {
            oCon.innerHTML = num++;
        }
    </script>
    <style>
        .con {
            width:200px;
            height:200px;
            line-height:200px;
            text-align:center;
            background:grey;
            color:white;
            font-size:100px;
        }
    </style>
</body>
```

使用函数防抖的代码如下：

```
<body>
    <div class='con'></div>
    <script>
        let num = 1;
        let oCon = document.querySelector('.con');
        function debounce(fn,wtime) {
            var timer;
            return function () {
                var args = Array.prototype.slice.apply(arguments);
                if (timer) {
                    clearTimeout(timer);
                };
                timer = setTimeout(function() {
                    fn.apply(this,args);
                },wtime);
            }
        }
        let fn = function() {
            oCon.innerHTML = num++;
        }
        oCon.onmousemove = debounce(fn,300);
    </script>
    <style>
        .con {
            width:200px;
            height:200px;
            line-height:200px;
            text-align:center;
            background:grey;
            color:white;
            font-size:100px;
        }
    </style>
</body>
```

6.8.2 函数节流

函数防抖有一个问题，就是当事件连续触发时，处理函数将永远不会被执行。函数节流可以解决此问题，函数节流是指无论事件持续触发的时间有多长，在规定时间内都要执行一次处理函数。

简单实现函数节流的代码如下：

```
function throttle(fn,wtime) {
    var isExecute = false;
    return function() {
        var args = Array.prototype.slice.apply(arguments);
        if(isExecute) {
            return;
        }
        isExecute = true;
        setTimeout(function() {
            fn.apply(this,args);
            isExecute = false
        },wtime)
    }
}
```

使用函数节流的代码如下：

```
<body>
    <div class='con'></div>
    <script>
        let num = 1;
        let oCon = document.querySelector('.con');
        function throttle(fn,wtime) {
            var isExecute = false;
            return function () {
                var args = Array.prototype.slice.apply(arguments);
                if (isExecute) {
                    return;
                }
                isExecute = true;
                setTimeout(function () {
                    fn.apply(this,args);
                    isExecute = false
                },wtime)
            }
        }
        let fn = function () {
            oCon.innerHTML = num++;
        }
        oCon.onmousemove = throttle(fn,300);
    </script>
    <style>
        .con {
            width:200px;
            height:200px;
            line-height:200px;
```

```
            text-align:center;
            background:grey;
            color:white;
            font-size:100px;
        }
    </style>
</body>
```

【附件六】

　　为了方便你的学习，我们将该章中的相关附件上传到以下所示的二维码，你可以自行扫码查看。

第 7 章　面向对象

学习目标：

- 面向对象概述；

- 面向对象之 function 形式；

- 面向对象之 class 形式；

- this 对象；

- API 之 Proxy 设置；

- API 之 Reflect 设置。

面向对象是一种思想，是基于面向过程而言的。这种思想的主要特点是，功能通过对象来实现，将功能封装进对象中，让对象去实现具体的细节。这种思想是将数据作为第一位的，而方法或算法是其次的，这是对数据的一种优化，操作起来更加方便，简化了过程。

（1）面向过程：专注于解决问题的过程，编程的特点是由一个个的函数去实现每一步的过程，没有类和对象的概念。

（2）面向对象：专注于由哪一个对象来解决这个问题，编程的特点是出现了各种类（类可产生对象）或对象，由对象去解决具体的问题。

7.1　面向对象概述

编程思想和生活中一些解决问题的思想类似。为了便于理解，我们可以通过现实生活中解决问题的思路去了解编程思想。

理解对象，先要了解什么是类。类是一组相似事物的统称，是对这组事物共性的一种归纳，因此类是抽象的。抽象的好处就是隔离其他干扰，总结共性，降低事物的复杂度，站在更高处看待问题，从而能更好地掌控全局。战国策中有句话叫"物以类聚，人以群分"。拿枪保卫边疆的叫军人，在手术台前拿手术刀的叫医生，坐在教室里上课的是学生……政府会根据不同的职业制定出不同的政策，比如军人可以优先买票，学生凭学生证可以半价购买火车票回家。

那什么是对象呢？对象就是从类中演绎出具有属性值和方法的个体，因此对象是具体化的。

换句话说，类是对象的归纳，对象是类的演绎。比如，小明放寒假要坐火车回老家过年，他可以凭着自己的学生证买到学生票，这首先是从国家层面考虑外地大学生寒暑假回家难这件事，归纳总结后制定出了用学生证购买火车票半价的政策。现在小明凭着这条政策演绎推导出，他能凭着自己的学生证能买到半价回家的火车票。这里，小明就是一个对象，不会对小明的长相、高矮、性别、年龄做要求，只要他满足凭学生证半价购买火车票这个特性，他就是从类演绎出来的对象。

通过下面的例子学习如何把面向对象思想运用到编程中。

一个人到 ATM 机取钱，这里涉及的对象主要有人、ATM、键盘、屏幕、银行卡、钱。人这个对象有姓名、银行卡，需要先把银行卡拿出插入 ATM，然后输入密码。ATM 会有键盘和显示屏等。可以根据上面的思路编写如下代码：

```
//通过到ATM取钱的故事理解面向对象和类。先分析对象，涉及的对象有人、ATM、键盘、屏幕、银行卡、
钱；然后分析过程
var key = {};
var show = {};
var atm = {
    "key":key,
    "show":show,
};
var card = {};
var person = {                          //这是产生对象的一种方式
    "name":"limig",
    "mycard":card,
    "takecard":function() {
    },
    "inputPassword":function() {
    }
};
var money = {};
```

面向对象的思想就是把故事中的各个对象分析清楚，然后由不同的对象去实现相关的功能。

实际编程中，一般会涉及多个人、多台 ATM 等，这时需要对对象进行归纳总结，形成类（如 Animal），然后由类演绎产生对象（如 dog、cat）。

在 JavaScript 中，通常通过构造函数的方式产生类，然后通过 new 操作符加上构造函数生成对象。代码如下：

```
//类
function Person() {
    this.name = "";
    this.age = 10;
    this.card = "";
    this.takeCard = function() {
    };
```

```
        this.inputPassword = function() {}
}
var person1 = new Person();                //产生对象
```

以上我们简单地介绍了面向对象的思想，也提到了产生对象的类。但是实际上，在 ES6 之前，JavaScript 是没有真正的类的概念的。我们上面介绍的类其实是一种用来模仿类的构造函数。而 ES6 引入了类的概念，用关键字 class 表示。

7.2　面向对象之 function 形式

7.2.1　理解对象

JavaScript 对象是拥有属性和方法的数据，可以比照现实生活中的对象（物体）来理解它。比如，现实生活中，一辆汽车是一个对象，它具有颜色、品牌等属性，也具备汽车发动、运行停止等方法。在 JavaScript 中，几乎所有的事物都是对象。除 JavaScript 已存在的对象外，还可以自行创建对象。

可以通过对象字面量的方式来创建对象，代码如下：

```
//对象字面量表示法
var person2 = {
    name:"Nicholas",                    //属性
    age:29,                             //属性
    sayHi:function() {                  //方法
        console.log(this.name+this.age);
    }
};
```

也可以通过构造函数的方式创建对象，代码如下：

```
var person1 = new Object();             //创建 person 对象
person1.name = "Lisa";                  //给 person 对象添加属性
person1.age = 29;                       //给 person 对象添加属性
person1.sayHi = function() {            //给 person 对象添加方法
    console.log('hi');
}
```

1. 对象的属性类型

对象的属性类型是指描述对象属性特征的一些内部才使用的特性。这些特性可以分为两种：数据属性和访问器属性。

1）数据属性

数据属性有以下 4 个描述其行为的特性。

（1）[[Configurable]]：表示能否通过 delete 删除属性来重新定义属性，能否修改属性的特性，或者能否把属性修改为访问器属性。直接在对象上定义的属性，这个特性的默认值为 true。

（2）[[Enumerable]]：表示能否通过 for…in 循环返回属性。直接在对象上定义的属性，这个特性的默认值为 true。

（3）[[Writable]]：表示能否修改属性的值。直接在对象上定义的属性，这个特性的默认值为 true。

（4）[[Value]]：包含这个属性的数据值。读取属性值的时候，从这个位置读；写入属性值的时候，将新值保存在这个位置。这个特性的默认值为 undefined。

要修改属性默认的特性，可采用 Object.defineProperty()方法。这个方法接收 3 个参数：属性所在的对象、属性的名字和描述符（descriptor）对象。其中，描述符对象的属性必须是 configurable、enumerable、writable 和 value。设置其中的一个或多个值，可以修改对应的特性值。

例如，修改属性默认的特性，代码如下：

```
var person = { };
Object.defineProperty(person,"name",{
    writable:false,
    value:"Nicholas"
});
console.log(person.name);                    //输出: "Nicholas"
person.name = "Greg";
console.log(person.name);                    //输出: "Nicholas"
```

也可以通过 Object.defineProperty()方法修改其他属性的相关特性，但是请注意，一旦将 configurable 设置为 false，即为不可配置，就不能再把它变回可配置了。

2）访问器属性

访问器属性有如下 4 个特性。

（1）[[Configurable]]：表示能否通过 delete 删除属性来重新定义属性，能否修改属性的特性，或者能否把属性修改为数据属性。直接在对象上定义的属性，这个特性的默认值为 true。

（2）[[Enumerable]]：表示能否通过 for…in 循环返回属性。直接在对象上定义的属性，这个特性的默认值为 true。

（3）[[Get]]：在读取属性时调用的函数。默认值为 undefined。

（4）[[Set]]：在写入属性时调用的函数。默认值为 undefined。

访问器属性不能直接定义，必须使用 Object.defineProperty()方法来定义。当定义[[Get]]和[[Set]]时，get 方法不能传入参数，而 set 方法必须传入一个参数。set 方法的参数为属性被设置的新值。代码如下：

```
var book = {
    _year:2004,
    edition:1
};
Object.defineProperty(book,"year",{
    get:function() {
        return this.year;
    },
    set:function(newValue) {
        if (newValue > 2004) {
            this._year = newValue;
            this.edition += newValue - 2004;
        }
    }
});
book.year = 2005;
console.log(book.edition);                //输出: 2
```

在 Object.defineProperty()方法之前，要创建访问器属性。一般都使用__defineGetter__()和_ _defineSetter__()两个非标准方法创建访问器属性。使用这两个方法重写上述两段代码：

```
var book = {
    _year:2004,
    edition:1
};
//定义访问器的旧方法
book.__defineGetter__("year",function() {
    return this._year;
});
book.__defineSetter__("year",function(newValue) {
    if (newValue > 2004) {
        this._year = newValue;
        this.edition += newValue - 2004;
    }
});
book.year = 2005;
console.log(book.edition);                //输出: 2
```

也可以使用 Object.defineProperties()方法定义多个属性。这个方法接收两个对象参数：第一个对象是要添加和修改其属性的对象，第二个对象的属性与第一个对象中要添加或修改的属性一一对应。代码如下：

```
var book = {};
Object.defineProperties(book,{
    _year:{
        value:2004
    },
    edition:{
        value:1
    },
    year:{
```

```
        get:function(){
            return this._year;
        },
        set:function(newValue){
            if (newValue > 2004) {
                this._year = newValue;
                this.edition += newValue - 2004;
            }
        }
    }
});
```

有定义属性特性的方法，当然也有读取属性特性的方法。Object.getOwnPropertyDescriptor()
方法可以用来获取给定属性的描述符。它的语法如下：

```
Object.getOwnPropertyDescriptor(obj,prop)
```

其中：参数 obj 代表属性所在的对象，prop 代表要读取其描述符的属性名称。代码如下：

```
var book = {};
Object.defineProperties(book,{
    _year:{
        value:2004
    },
    edition:{
        value:1
    },

    year:{
        get:function() {
            return this._year;
        },
        set:function(newValue) {
            if (newValue > 2004) {
                this._year = newValue;
                this.edition += newValue - 2004;
            }
        }
    }
});
var descriptor = Object.getOwnPropertyDescriptor(book,"_year");
console.log(descriptor);
//输出: {value:2004,writable:false,enumerable:false,configurable:false}
console.log(descriptor.value);                    //输出: 2004
var descriptor = Object.getOwnPropertyDescriptor(book,"year");
console.log(descriptor);
//输出: {enumerable:false,configurable:false,get:ƒ,set:ƒ}
console.log(descriptor.value);                    //输出: undefined
```

2. 定义[[Get]]和[[Set]]

[[Get]]和[[Set]]还可以通过使用对象初始化来定义。代码如下：

```
var obj = {
    count:7,
    get num1() {
```

```
        return this.count + 1;
    },
    set num2(x) {
        this.count = x / 2
    }
};
console.log(obj.count);                    //输出：7
console.log(obj.num1);                     //输出：8
obj.num2 = 50;
console.log(obj.count);                    //输出：25
```

7.2.2　使用构造函数创建对象

1. 构造函数

通过 new+函数名来实例化对象的函数叫构造函数。ECMAScript 中的构造函数可用来创建特定类型的对象。像 Object 和 Array 这样的原生构造函数，在运行时会自动出现在执行环境中。此外，也可以创建自定义的构造函数，从而产生具有共同属性和方法的一类对象。比如创建一个 name 为 Person 的构造函数，然后通过构造函数生成 person1 和 person2 对象的实例代码如下：

```
function Person(name,age,job) {
    this.name = name;
    this.age = age;
    this.job = job;
    this.sayName = function() {
        console.log(this.name);
    };
}
var person1 = new Person("Nicholas",29,"Software Engineer");
var person2 = new Person("Greg",27,"Doctor");
person1.sayName();                      //Nicholas
console.log(person1.age);               //29
console.log(person1.job);               //Software Engineer
```

当调用构造函数创建一个新实例后，该实例的内部将包含一个指针（内部属性），并指向构造函数的原型对象。ECMA-262 第 5 版中管这个指针叫[[Prototype]]。虽然在脚本中没有标准的方式访问[[Prototype]]，但 Firefox、Safari 和 Chrome 在每个对象上都支持一个属性__proto__；而在其他实现中，这个属性对脚本则是完全不可见的。不过，要明确的是，这个连接存在于实例对象与构造函数的原型对象之间，而不是存在于实例对象与构造函数之间。

2. 理解原型概念

无论什么时候，只要创建了一个新函数，就会根据一组特定的规则为该函数创建一个 prototype 属性，这个属性指向函数的原型对象，这个对象的用途是包含可以由特定类型的所有实例对象共享的属性和方法。默认情况下，所有原型对象都会自动获得一个 constructor（构造函数）属性，这个属性包含一个指向 prototype 属性所在函数的指针。

比如，创建了一个内部不包含任何语句的构造函数 Person，代码如下：

```
function Person(){
    //无语句
}
```

构造函数 Person 创建后拥有 prototype 属性，这个属性指向构造函数的原型对象。原型对象默认会取得 constructor 属性，这个属性又指向构造函数 Person。它们之间的关系如图 7-1 所示。

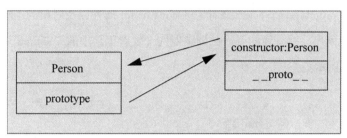

图 7-1　构造函数和原型对象之间的关系图

创建自定义构造函数之后，其原型对象默认只会获得 constructor 属性，至于其他方法，都是从 Object 继承而来。比如图 7-1 中原型对象的__proto__属性即为继承而来。

因为每个对象都有自己独特的属性，方法一般都是相同的，所以常用的写法是把方法写在构造函数的原型对象上，代码如下：

```
function Person(name,age,job) {
    this.name = name;
    this.age = age;
    this.job = job;
}
Person.prototype.sayName=function() {
    console.log(this.name)
}
var person1 = new Person("Nicholas",29,"Software Engineer");
var person2 = new Person("Greg",27,"Doctor");
```

因为构造函数本身也是函数，为了区别于其他函数，构造函数始终都应该以大写字母开头，而不像构造函数这样以小写字母开头。

要创建 Person 的新实例，必须使用 new 操作符。以这种方式调用构造函数，实际上会经历以下 4 步。

（1）创建一个新对象。

（2）将构造函数的作用域赋给新对象（因此 this 就指向了这个新对象）。

（3）执行构造函数中的代码（为这个新对象添加属性）。

（4）返回新对象。

7.2.3　构造函数、原型对象和实例对象的关系

第 7.2.2 节介绍了构造函数和原型对象之间的关系，本节将继续介绍构造函数、原型对象和实例对象三者之间的关系。

在 JavaScript 中，所有数据都有对应的内存空间，通过对构造函数、原型对象、实例对象所占用内存进行分析的方式来了解它们之间的关系。而它们之间关系的纽带主要涉及以下 3 个属性：构造函数的 prototype 属性、原型对象的 constructor 属性以及对象的[[prototype]]属性。对于其他属性将不予列出，感兴趣的可以在浏览器的开发者工具中的"Source"栏的"Watch"进行查看，如图 7-2 所示。

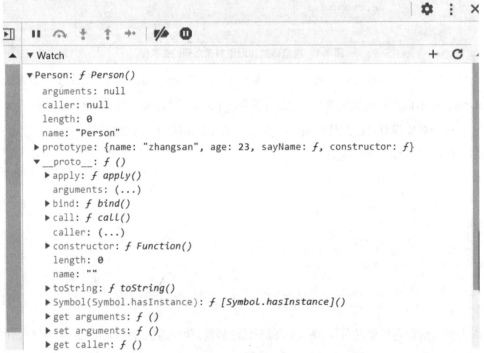

图 7-2　内存查看图 1

比如通过构造函数 Person 产生一个实例对象 person，代码如下：

```
function Person() { }
var person1 = new Person();
```

首先，每个构造的对象都有一个 prototype 属性，这个 prototype 属性指向原型对象；而原型对象默认一个 constructor 属性，该 constructor 属性有一个隐含的指针，指向构造函数；通过构造函数实例化出对象，该对象里有一个__proto__属性，其指向原型对象。因此，构造函数、原型对象、实例对象三者之间形成一个闭环。它们之间的关系如图 7-3 所示。

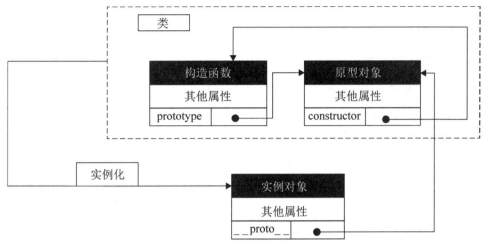

图 7-3　构造函数、实例对象和原型对象之间的关系图 1

在上述实例的基础上添加 Person.prototype.age=10，通过开发者工具可以看到在原型对象中多了 age 属性。构造函数中未发生变化，而实例对象通过__proto__可以访问到原型对象中的 age 属性。添加属性后的代码如下：

```
function Person(){ }
Person.prototype.age=10;
var p1 = new Person();
var p2 = new Person();
console.log("p1.__proto__.age:" + p1.__proto__.age);//输出: p1.__proto__.age:10
console.log("p2.age:"+p2.age);                       //输出: p2.age:10
```

在构造函数 Person 中添加 this.name='liming'，通过开发者工具可以看到构造函数的属性未发生变化，原型对象属性也未发生变化。而实例对象中添加了 name 属性。添加属性后的示例代码如下：

```
function Person() {
    this.name = 'liming';
}
var p1 = new Person();
var p2 = new Person();
console.log("p1.name:" + p1.name);                   //输出: p1.name:liming
console.log("p2.name:" + p2.name);                   //输出: p2.name:liming
```

在开发者工具中添加属性后的显示效果如图 7-4 所示。

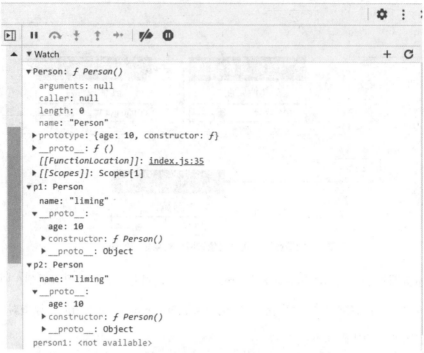

图 7-4　在开发者工具中添加属性后的显示效果

构造函数、实例对象和原型对象之间的关系如图 7-5 所示。

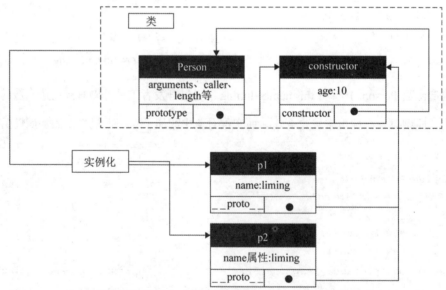

图 7-5　构造函数、实例对象和原型对象之间的关系图 2

　　通过分析上面的例子可以得知，在构造函数中通过 this 添加的属性为实例属性。而通过原型对象添加的属性，实例对象通过间接寻址也可以访问。那么，当构造函数和原型对象中都添加了同一个属性时，实例对象如何访问？

首先看下面的代码：

```
function Person() {
    this.name = 'liming';
    this.age = 8;
}
Person.prototype.age = 10;
var p1 = new Person();
var p2 = new Person();
console.log("p1.__proto__.age:" + p1.__proto__.age); //输出: p1.__proto__.age:10
console.log("p1.age:" + p1.age);                      //输出: p2.age:8
p2.age = 26;
console.log("p2.__proto__.age:" + p2.__proto__.age); //输出: p2.__proto__.age:10
console.log("p2.age:" + p2.age);                      //输出: p2.age:26
```

我们在构造函数中添加了 this.age=8，这时实例对象内存中就出现了 age 属性。通过 console.log()方法分别打印 p1.age 和 p1.__proto__.age 可以看出，实例对象访问了自己内存中的 age 属性，并未使用__proto__中的 age 属性。

然后我们添加了修改 p2 实例对象属性的代码 p2.age=26，在开发者工具中可以看到实例对象 p2 的 age 属性值由 8 变为 26，而实例对象 p2.__proto__age 属性没有改变，如图 7-6 所示。

图 7-6　内存查看图 2

依然通过画图的方式来展示构造函数、实例对象和原型对象之间的关系，具体如图 7-7 所示。

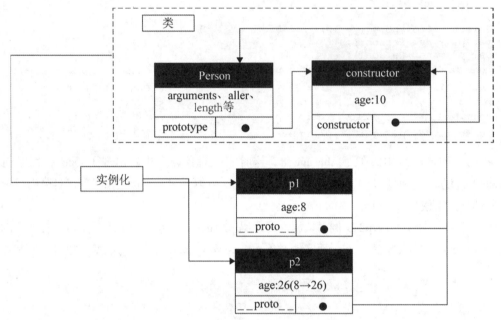

图 7-7　构造函数、实例对象和原型对象之间的关系图 3

上面的例子显示出，当实例对象和原型对象中都有一个共同的属性时，实例对象首先访问的是自己的属性。在 JavaScript 中，访问对象的属性时，首先会搜索实例对象，如果实例对象存在这个属性，就直接返回属性值并且停止搜索。当属性值在实例对象中不存在时，会通过间接寻址去搜索原型对象。

7.2.4　function 实现继承

ECMAScript 中描述了原型链的概念，并将原型链作为实现继承的主要方法。其基本思想是，利用原型让一个引用类型继承另一个引用类型的属性和方法。简单回顾一下构造函数、原型对象和实例对象的关系：每个构造函数都有一个原型对象，原型对象都包含一个指向构造函数的指针，而实例对象都包含一个指向原型对象的内部指针。原型对象也可以通过__proto__访问到原型对象的原型对象，当访问某个实例对象的非自有属性时，会通过将__proto__作为桥梁连接起来的一系列原型对象、原型对象的原型对象、原型对象的原型对象的原型对象，一直到 Object 构造函数为止，如果搜索到 null，则表示搜索的访问属性是不存在的。这个搜索过程所形成的链状关系就是原型链。构造函数、原型对象、实例对象和原型链的关系如图 7-8 所示。

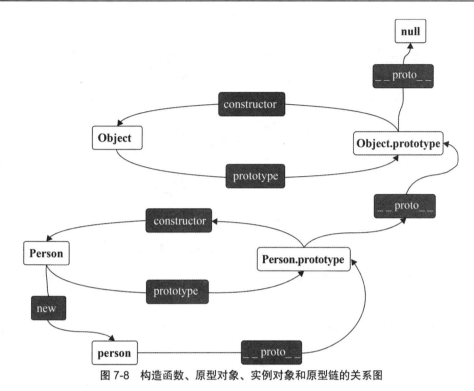

图 7-8 构造函数、原型对象、实例对象和原型链的关系图

可以采用一种基本模式实现原型链，其代码如下：

```
function SuperType() {
    this.property = true;
}
SuperType.prototype.getSuperValue = function() {
    return this.property;
};
function SubType() {
    this.subproperty = false;
}
//继承了 SuperType
SubType.prototype = new SuperType();
SubType.prototype.getSubValue = function() {
    return this.subproperty;
};
var instance = new SubType();
console.log(instance.getSuperValue());          //输出: true
```

根据第 7.2.3 节所学构造函数、原型对象和实例对象的关系分析上述代码并画出它们的关系图，如图 7-9 所示。

分析如下。

（1）创建了 SuperType 构造函数，系统会自动给该构造函数分配 1 个内存，该构造函数内部分配了 6 个内存，其中原型 prototype 占用 1 个内存。原型 prototype 内部分配了 constructor 和__proto__2 个内存，constructor 又指向构造函数 SuperType。

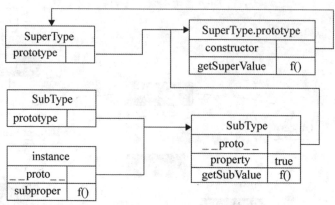

图 7-9　原型链图

（2）在 SuperType 构造函数的原型对象上添加类函数并赋值给 SuperType.prototype. getSuperValue，这时 SuperType.prototype 内部内存新添加了 getSuperValue 这个函数的内存，变成了 3 个。

（3）创建了 SubType 构造函数，同（1），原型 prototype 中的 constructor 指向 SubType 构造函数。

（4）将构造函数 SuperType 进行实例化，然后赋值给 SubType 的原型 prototype，此时在浏览器的 "Watch" 上显示的 SubType.prototype 不是指向本身的构造函数 SubType，而是继承了构造函数 SuperType，但实际上是这个赋值重写了原本 SubType 的原型，用 SuperType 的实例代替了，因此 SuperType 实例化可以访问的所有属性和方法，SubType.prototype 同样可以访问。

（5）在 SuperType 构造函数的原型对象上添加类函数并赋值给 SubType.prototype. getSubValue。

（6）将构造函数 SubType 实例化，并且赋值给变量 instance，此时 instance 不仅能访问构造函数 SubType 的属性方法，还能访问继承自 SuperType 的属性和方法。

7.3　面向对象之 class 形式

7.3.1　class 基本语法概述

1. class 基本语法

1）基本的类声明

ES5 及更早的版本中不存在类。通过创建构造函数，将方法放置在构造函数的原型上来模仿类。代码如下：

```
//构造函数写法
function Person() {
    this.name = "liming";
    this.age = 15;
}
Person.prototype.setName = function(n) {
    this.name = n;
}
var person1 = new Person();
person1.setName("");
var person1 = new Person();
person1.setName("lisi");
console.log("name:"+person1.name);            //输出: name:lisi
```

ES6 提供了更接近传统语言的写法，引入了类的概念，作为对象的模板。基本的类声明以 class 关键字开始，其后是类的名称，然后是代码块部分。代码块部分类似于对象字面量中的方法简写，不过方法之间不需要逗号分隔。以下是简单的类声明实例代码：

```
class Person {
    constructor() {
        this.name = "";
        this.age = 15;
    }
    setName(n) {
        this.name = n;
    }
}
var person1 = new Person();
person1.setName("lisi");
console.log("name:" + person1.name);          //输出: name:lisi
```

基本上，ES6 中的 class 可以只看作一个语法糖，class 的绝大部分功能在 ES5 中都有，新的 class 写法只是让对象原型的写法更加清晰、更像面向对象编程的语法而已。上面定义构造函数生成对象和定义类生成对象的两个实例基本是等价的。

从 class 定义类的实例中可以看到里面有一个 constructor 方法，它为构造函数，而其中的 this 关键字代表实例对象。定义在 constructor 中的属性即为实例对象的属性。直接定义在类里的方法，如上面实例中的 sayName()方法为原型方法。

constructor 方法是类的默认方法，如果没有显式定义，会默认添加一个空的 constructor 方法。

2）为何使用类的语法

尽管类可以看作构造函数的语法糖，但是它们之间仍然有一些非常重要的区别。

（1）函数的定义不同，类声明不会被提升。类声明的行为与 let 的相似，在程序的执行到达声明处之前，不能访问该类。

（2）类声明中的所有代码会自动运行在严格模式下，且无法退出严格模式。

（3）类内部定义的方法都是不可枚举的。而构造函数必须使用 Object.defineProperty()才能将方法改变为不可枚举的。

（4）类的所有方法内部都没有[[Construct]]，不能使用 new 来调用它们，否则会报错。

（5）调用类时必须使用 new，否则会报错。

（6）不能在类的内部重写类名，否则会报错。

这样看来，上面的 Person 类声明实际上等价于下面没有使用类语法的代码：

```
let Person = (function() {
    'use strict';
    const Person = function() {
        if (typeof new.target === 'undefined') {
            throw new Error('Constructor must be called with new.');
        }
        this.name = '';
        this.age = 15;
    }
    Object.defineProperty(Person.prototype,'setName',{
        value:function (name) {
            if (typeof new.target !== 'undefined') {
                throw new Error('Method cannot be called with new.');
            }
            this.name = name;
        },
        enumerable:false,
        writable:true,
        configurable:true
    });
    return Person;
}())
person1 = new Person();
person1.setName('lisa');
console.log(person1.name);                    //输出: lisa
```

从上述代码可以看出，不使用新语法也能实现类的任何特性，但是类语法显著简化了所有功能的代码。

2. class 表达式

1）基本的类表达式

以下代码是与上面实例中的 class 声明 Person 类等效的类表达式：

```
let Person = class {
    constructor() {
        this.name = '';
        this.age = 15;
    }
    setName(name) {
        this.name = name;
    }
}
```

```
let person1 = new Person();
person1.setName('lisa');
console.log(person1.name);                    //输出: lisa
```

如上述代码所示，类表达式不需要在 class 关键字后使用标识符。除了语法差异外，类表达式的功能与类声明的功能完全等价。

2）具名的类表达式

如函数表达式一样，也可以为类表达式命名。代码如下：

```
const MyClass = class Me {
    getClassName() {
        return Me.name;
    }
};
console.log(typeof Me);                        //输出: undefined
```

以上代码中，类表达式被命名为 Me，Me 标识符只在类定义内部存在，只能用在类方法内部。在类的外部，typeof Me 的结果为'undefined'，这是因为外部不存在 Me 的绑定。

3. 静态方法和静态属性

1）静态方法

因为类的所有方法都定义在类的 prototype 属性上，所以都会被实例继承。但是，如果在一个方法前加上 static 关键字，就表示该方法不会被实例继承，而是直接通过类来调用，称为静态方法。代码如下：

```
class Foo {
    static classMethod() {
        return 'hello';
    }
}
Foo.classMethod()                             //'hello'
var foo = new Foo();
foo.classMethod()
//报错: TypeError:foo.classMethod is not a function
```

注意：如果静态方法包含 this 关键字，那么这个 this 指的是类，而不是实例。

另外，父类的静态方法可以被子类继承，且静态方法也是可以从 super 对象上调用的。

2）静态属性

静态属性是指 Class 本身的属性，即 Class.propName，而不是定义在实例对象（this）上的属性。因为 ES6 明确规定，Class 内部只有静态方法，没有静态属性。现在有一个提案提供了类的静态属性，写法是在实例属性的前面加上 static 关键字。

4. new.target 属性

ES6 为 new 命令引入了一个 new.target 属性，该属性一般用在构造函数中，返回 new 命令起作用的那个构造函数。如果构造函数不是通过 new 命令或 Reflect.construct()调用的，那么 new.target 会返回 undefined，因此，这个属性可以用来确定构造函数是怎么调用的。代码如下：

```
function Person(name) {
    if (new.target !== undefined) {
        this.name = name;
    } else {
        throw new Error('必须使用new命令生成实例');
    }
}
var person = new Person('张三');                    //不报错
var aa = new IncreasingCounter();                   //这种写法报错
var notAPerson = Person.call(person,'张三');        //这种写法报错
//另一种写法
function Person(name) {
    if (new.target === Person) {
        this.name = name;
    } else {
        throw new Error('必须使用new命令生成实例');
    }
}
var person = new Person('张三');                    //不报错
var notAPerson = Person.call(person,'张三');        //这种写法报错
var aa = new IncreasingCounter();                   //这种写法报错
```

需要注意的是，子类继承父类时，new.target 会返回子类。在函数外部，使用 new.target 会报错。

5. 私有属性和私有方法

私有方法和私有属性是只能在类的内部访问的方法和属性，外部不能访问。这是常见需求，有利于代码的封装，但 ES6 不提供，只能通过变通方法模拟实现。

目前，有一个提案为 class 增加了私有属性。方法属性名之前，使用#表示。这种写法不仅可以用来写私有属性，还可以用来写私有方法。

7.3.2 class 的继承

1. 简介

ES6 之前，严格的继承需要多个步骤，实现自定义类型的继承是一个烦琐的过程。类让继承工作变得更容易，使用 extends 关键字即可在类声明或类表达式中创建一个类作为另一个类的子类。新生成的类的原型会被自动调整，且可以调用 super()方法来访问基类的构造器。使用 extends 实现继承的代码如下：

```
//class 如何写继承
class Animal {
```

```
    constructor(c) {
        this.color = c;
    }
    setColor(c) {
        this.color = "Animal:" + c;
    }
}
class Cat extends Animal {               //继承
    constructor(c,n) {
        super(c);                        //调用基类构造器
        this.name = n;                   //this 为对象
    }
    setColor(c) {
        this.color = "Cat:" + c;
    }
    checkSuper(c) {
        this.setColor(c);
    }
}
var cat = new Cat("blue",'ahuang');
cat.checkSuper("checkcolor");
console.log("cat,name:" + cat.name + ",color:" + cat.color);
//输出: cat,name:ahuang,color:Animal:checkcolor
```

在继承的过程中，子类必须在 constructor 方法中调用 super()方法，用于塑造子类自己的 this
对象。因此，super()方法的调用也必须在使用 this 对象前面，否则会报错。不调用 super()方法
的继承代码如下：

```
class Animal {
    constructor(c) {
        this.color = c;
    }
}
class Cat extends Animal {               //继承
    constructor(n) {
        this.name = n;                   //this 为对象
    }
}
let cat = new Cat();
//报错: Uncaught ReferenceError:Must call super constructor in derived class before
//accessing 'this' or returning from derived constructor
```

如果子类没有定义 constructor()方法，也会默认添加这个方法。代码如下：

```
class Cat extends Animal {}
//等同于
class Cat extends Animal {
    constructor(...args) {
        super(...args);
    }
}
```

子类也同时继承父类的静态方法。代码如下：

```
class A {
    static say() {
        console.log('hello world');
    }
}
class B extends A {}
B.say();                                    //输出: hello world
```

2. super 关键字

super 这个关键字，既可以当作函数使用，也可以当作对象使用。在这两种情况下，它的用法完全不同。

第一种情况，super 可以作为函数调用。这是它代表父类的构造函数，用在子类的构造函数中。代码如下：

```
class A {}
class B extends A {
    constructor() {
        super();
    }
}
```

作为函数调用的 super()方法，只能用在子类的构造函数中，用在其他地方都会报错。

第二种情况，super 可以作为对象使用。在普通方法中，super 指向父类的原型对象；在静态方法中，它指向父类。super 作为对象使用的代码如下：

```
class A {
    p() {
        return 2;
    }
}
class B extends A {
    constructor() {
        super();
        console.log(super.p());
    }
}
let b = new B();                            //输出: 2
```

ES6 规定，在子类普通方法中通过 super 调用父类的方法时，方法内部的 this 指向当前的子类实例。代码如下：

```
class A {
    constructor() {
        this.x = 1;
    }
    method1() {
        console.log(this.x);
    }
}
```

```
class B extends A {
    constructor() {
        super();
        this.x = 2;
    }
    method2() {
        super.method1();
    }
}
let b = new B();
b.method2();                          //输出：2
```

在子类中，如果通过 super 对某个属性赋值，这时 super 就是 this，赋值的属性会变成子类实例的属性。代码如下：

```
class A {
constructor() {
    this.x = 1;
}
}
class B extends A {
    constructor() {
        super();
        this.x = 2;
        super.x = 3;
        console.log(super.x);         //输出：undefined
        console.log(this.x);          //输出：3
    }
}
let b = new B();
```

注意：使用 super 的时候，必须显式指定是作为函数使用还是作为对象使用，否则会报错。

3. prototype 属性和__proto__属性

大多数浏览器的 ES5 实现中，每个对象都有__proto__属性，指向对应的构造函数的 prototype 属性。Class 作为构造函数的语法糖，同时有 prototype 属性和__proto__属性，因此，同时存在两条继承链。

（1）子类的__proto__属性，表示构造函数的继承，总是指向父类。

（2）子类 prototype 属性的__proto__属性，表示方法的继承，总是指向父类的 prototype 属性。

（3）子类实例的__proto__属性的__proto__属性，指向父类实例的__proto__属性。也就是说，子类的原型的原型，是父类的原型。

4. Mixin 模式的实现

Mixin 是指由多个对象合成一个新的对象，新对象具有各个组成成员的接口。它的简单实现代码如下：

```
const a = {
    a:'a'
```

```
};
const b = {
    b:'b'
};
const c = {
    ...a,
    ...b
};
console.log(c);        //{a:'a',b:'b'}
```

下面的代码是一个更完备的实现，是将多个类的接口"混入"（mix in）另一个类。

```
function mix(...mixins) {
    class Mix {
        constructor() {
            for (let mixin of mixins) {
                copyProperties(this,new mixin());        //拷贝实例属性
            }
        }
    }
    for (let mixin of mixins) {
        copyProperties(Mix,mixin);                        //拷贝静态属性
        copyProperties(Mix.prototype,mixin.prototype); //拷贝原型属性
    }
    return Mix;
}
function copyProperties(target,source) {
    for (let key of Reflect.ownKeys(source)) {
        if (key !== 'constructor' && key !== 'prototype' && key !== 'name') {
            let desc = Object.getOwnPropertyDescriptor(source,key);
            Object.defineProperty(target,key,desc);
        }
    }
}
```

7.4　this 对象

在 JavaScript 中，this 对象是动态绑定的，一般在运行期间绑定，它的指向与运行环境有着密切的联系。

7.4.1　函数中的 this

当创建一个函数时，函数内部会自动生成一个 this 对象。函数可以理解为对象的方法，this 代表的就是拥有该方法的对象。当全局作用域中直接调用函数时，该函数就是全局对象的方法，即 this 代表的是全局对象 window，代码如下：

```
//实例 1
function test() {
    console.log(this);
```

```
}
test();                              //输出: window
//实例2
var name = 'win';
var obj = {
    name:'obj',
    method:function() {
        console.log(this.name);
    }
};
obj.method();                        //输出: obj
//实例3
var name1 = 'win';
var obj1 = {
    name1:'obj',
    method:function() {
        return function() {
            console.log(this.name);
        };
    }
};
obj1.method()();                     //输出: win
```

上述代码中创建了 3 个实例,实例 1 中直接调用函数 test(),它与 window.test()等价,此时 this 代表的是 window 对象。实例 2 中,method 属于对象 obj 的方法,通过 obj 调用此函数时, this 代表的是 method。实例 3 是一个闭包函数,在创建函数 method 时,函数内部会自动生成一 个 this 对象,this 代表对象 obj。而在 method 的内部又创建了一个闭包函数(内部函数),闭包 函数内部也会自动生成 this 对象,由于它没有直接归属于某个对象,所以 this 代表的是 window 对象。

实例 3 中通常需要将 this 指向当前对象 obj,可以通过在 method 函数中将 this 保存在变量 中来实现,代码如下:

```
var name = 'win';
var obj = {
    name:'obj',
    method:function() {
        let that = this;
        return function() {
            console.log(that.name);
        };
    }
};
obj.method()();                      //输出: obj
```

函数的 apply()方法、call()方法可以改变 this 的指向。当一个函数被 call()方法和 apply()方 法调用时,this 的值就为 call()方法或 apply()方法第一个参数的值,代码如下:

```
var name = 'win'
var obj = {
    name:'obj',
    method:function() {
        console.log(this.name);
    }
};
var obj2 = {
    name:'obj2'
}
obj.method();                              //输出: obj
obj.method.apply(obj);                     //输出: obj
obj.method.apply(obj2);                    //输出: obj2
obj.method.apply(window);                  //输出: win
```

需要注意的是，在严格模式下，当没有对象直接调用函数时，例如上述代码中的 this 代表 window 对象的情形，this 代表的是 undefined。

7.4.2　构造函数中的 this

通过 new 关键字加构造函数来创建对象实例，构造函数中的 this 代表的就是新创建的实例对象，代码如下：

```
var x = 1;
function Fn() {
    this.x = 2;
    console.log(this);
}
let obj = new Fn();                        //输出: Fn {x: 2}
console.log(obj);                          //输出: Fn {x:2}
console.log(obj.x);                        //输出: 2
```

7.4.3　对象中的 this

JavaScript 中的 this 关键字是指它所属的对象。它拥有不同的值，具体取决于其使用位置。

（1）当 this 在对象的方法中，即在对象所拥有的函数中时，this 指的就是所有者对象。

（2）单独使用 this 时，this 表示的是全局对象。

例如，在对象中单独使用 this 的代码如下：

```
var x=this;
console.log(this);                         //输出: window
```

（3）在直接调用函数且非严格模式下，this 指的是全局对象，即 window 对象。在严格模式下直接调用函数，this 指的是 undefined。

（4）在事件中，由于 JavaScript 是事件驱动类型语言，this 指的是接收事件的元素，代码如下：

```
<body>
    <h2>This is a test.</h2>
    <button>点我后我就消失了</button>
    <script>
        var btn = document.querySelector('button');
        btn.onclick = function() {
            this.style.display = 'none';
            //点击页面上的button按钮, button按钮消失, this指的就是button按钮
        }
    </script>
</body>
```

7.4.4 箭头函数中的 this

1. this 对象

从产生 this 的来源理解, this 对象只有两个出处: 一是 window 自带 this, 比如单独使用 this 时, this 就是 window。二是创建函数时, 函数内部会自动生成 this, this 的指向与调用它的环境相关。

而箭头函数与普通函数不同, 它不会生成自己的 this 对象, 即它没有自己的 this。所以在箭头函数中用到的 this 都是从自己的作用域链的上层继承而来, 那么 this 代表的值也是被继承而来的 this 的值, 代码如下:

```
function foo1() {
    setTimeout(function() {
        console.log('id:',this.id);
    },100)
}

function foo2() {
    setTimeout(() => {
        console.log('id:',this.id);
    },100);
}
var id = 21;
foo1.call({
    id:42
});                                    //输出: id:21
foo2.call({
    id:42
});                                    //输出: id:42
```

在上述代码中, foo1 中 setTimeout 里定义的普通函数会生成自己的 this 对象, 非严格模式下, this 代表 window 对象, 所以 foo1.call({id:42})输出 21。而在 foo2 中, setTimeout 里定义的箭头函数由于没有自己的 this 对象, 它的 this 继承自 foo2 的 this, 而 foo2 又被对象{id:42}调用, this 指向此对象, 所以输出 42。

2. 不适用的场合

由于箭头函数不会生成 this 对象，所以有些场合并不适用箭头函数。

第一个场合是用来定义对象的方法，且该方法内部使用了 this 对象，代码如下：

```
const obj = {
    count:8,
    add:() => {
        console.log(this.count);
    }
}
obj.add();                              //输出: undefined
```

第二个场合是在事件中使用箭头函数，且函数内部使用了 this 对象，代码如下：

```
<body>
    <h2>This is a test.</h2>
    <button>点我后我就消失了</button>
    <script>
        var btn = document.querySelector('button');
        btn.onclick = () => this.style.display = 'none';
//点击 button 按钮报错
    </script>
</body>
```

注意：箭头函数没有自己的 this 对象，也无法通过 apply()方法、call()方法、bind()方法来改变 this 的指向。

7.5 API 之 Proxy 设置

Proxy 与 Reflect 是 ES6 为了操作对象引入的 API。Proxy 在目标对象的外层搭建了一层拦截，外界对目标对象的某些操作，必须通过这层拦截。基本语法如下：

```
var proxy = new Proxy(target,handler);
```

其中：参数 target 表示目标对象；参数 handler 也表示一个对象，用于定制拦截行为，代码如下：

```
var person = {
    name:'Shakespeare'
};
var handler = {
    get:function (t,prop) {
        console.log(`${prop} 被读取`);
        return t[prop];
    },
    set:function (t,prop,value) {
```

```
        console.log(`${prop}被设置为${value}`);
        t[prop] = value;
    }
}
var proObj = new Proxy(person,handler);
proObj.name;                                //name 被读取
proObj.name = 'William';                    //name 被设置为 William
console.log(person.name);                   //输出：William
```

Proxy 属于元编程，即对编程语言进行编程，它通过修改某些操作的默认行为来对编程语言进行操作，例如，上述代码中对对象的访问器属性 get 和 set 的默认行为的修改。

1. 实例方法

Proxy 支持的拦截操作方法一共有 13 种，如表 7-1 所示。

表 7-1　Proxy 支持的拦截操作方法

方法	说明

get()	该方法用于拦截对象的属性读取操作。
	语法如下：
	`var p = new Proxy(target,{`
	　　`get:function (target,property,receiver) {}`
	`});`
	参数：target 代表目标对象；property 代表被获取的属性名；receiver 为可选参数，代表 Proxy 或者继承 Proxy 的对象

set()	该方法用来拦截对象属性的赋值操作。
	语法如下：
	`var p = new Proxy(target,{`
	　　`set:function (target,property,value,receiver) {}`
	`});`
	参数：target 代表目标对象；property 代表属性名；value 代表属性值；receiver 为可选参数，代表 Proxy 或者继承 Proxy 的对象

has()	该方法用于拦截 prop in target 的操作，并返回一个布尔值。
	语法如下：
	`var p = new Proxy(target,{`
	　　`has:function (target,prop) {}`
	`});`
	参数：target 代表目标对象；prop 代表需查询的属性名

deleteProperty()	该方法用于拦截对对象属性的 delete 操作。
	语法如下：
	`var p = new Proxy(target,{`
	　　`deleteProperty:function (target,property) {}`
	`});`
	参数：target 代表目标对象；property 代表待删除的属性名

方法	描述

ownKeys()	该方法用于拦截 Reflect.ownKeys()。
	语法如下：
	``js
	var p = new Proxy(target,{
	    ownKeys:function (target) {}
	});
	``
	参数：target 代表目标对象

getOwnPropertyDescriptor()	该方法用于拦截 Object.getOwnPropertyDescriptor(proxy,propKey)，返回属性的描述对象。
	语法如下：
	``js
	var p = new Proxy(target,{
	    getOwnPropertyDescriptor:function (target,prop) {}
	});
	``
	参数：target 代表目标对象；prop 代表属性名

defineProperty()	该方法用于拦截对对象的 Object.defineProperty()操作。
	语法如下：
	``js
	var p = new Proxy(target,{
	    defineProperty:function (target,property,descriptor) {}
	});
	``
	参数：target 代表目标对象；property 代表属性名；descriptor 代表属性的描述符

preventExtensions()	该方法用于拦截对对象的 Object.preventExtensions()操作。
	语法如下：
	``js
	var p = new Proxy(target,{
	    preventExtensions:function (target) {}
	});
	``
	参数：target 代表目标对象

getPrototypeOf()	该方法用来拦截获取对象原型。
	语法如下：
	``js
	const p = new Proxy(obj,{
	    getPrototypeOf(target) {}
	});
	``
	参数：target 代表目标对象

isExtensible()	该方法用于拦截对对象的 Object.isExtensible()操作。
	语法如下：
	``js
	var p = new Proxy(target,{
	    isExtensible:function (target) {}
	});
	``
	参数：target 代表目标对象

setPrototypeOf()	该方法用来拦截 Object.setPrototypeOf()方法。
	语法如下：
	``js
	var p = new Proxy(target,{
	    setPrototypeOf:function (target,prototype) {}
	});
	``
	参数：target 代表目标对象；prototype 代表对象新原型或为 null

方法	描述

apply()	该方法适用于目标对象是函数的情况，用于拦截函数的调用。
	语法如下：
	`var p = new Proxy(target,{`
	`    apply:function (target,object,args) {}`
	`});`
	参数：target 代表目标对象；object 代表被调用时的上下文对象；args 代表被调用时的参数数组

construct()	该方法适用于目标对象是函数的情况，用于拦截 Proxy 实例作为构造函数调用的操作。
	语法如下：
	`var p = new Proxy(target,{`
	`    construct:function (target,args,newTarget) {}`
	`});`
	参数：target 代表目标对象；args 代表构造函数的参数对象；newTarget 代表创建实例对象时，new 命令作用的构造函数

下面对 get(target,propKey,receiver)、set(target,propKey,value,receiver)和 apply(target,object,args)
等方法进行说明，例如，get(target,propKey,receiver)方法的代码如下：

```
const obj={};
const handler = {
    get:function(obj,prop) {
        return prop in obj ? obj[prop]:37;
    }
};
const p = new Proxy(obj,handler);
p.a = 1;
p.b = 'abc';
console.log(p.a,p.b);                    //输出：1,"abc"
console.log(p.c);                        //输出：37
console.log(p.d);                        //输出：37
```

set(target,propKey,value,receiver)方法的代码如下：

```
let obj = {};
let handler = {
    set: function (obj,prop,value) {
        if (prop === 'age') {
            if (!Number.isInteger(value)) {      //判断参数 value 是否为整数
                throw new TypeError('无效年龄');
            }
            if (value > 200) {
                throw new RangeError('无效年龄');
            }
        }
        obj[prop] = value;
    }
```

```
};
let person = new Proxy(obj,handler);
person.age = 100;
console.log(person.age);                              //输出: 100
person.age = '250'                                    //报错: 无效年龄
person.age = 250                                      //报错: 无效年龄
```

apply(target,object,args)方法的代码如下:

```
let fn = function() {};
let handler = {
    apply:function (target,object,args) {
        console.log('called: ' + args.join('...'));
        return args[0] + args[1] + args[2];
    }
};
let p = new Proxy(fn,handler);
console.log(p);
//输出: Proxy {length:0,name:"fn",arguments:null,caller:null,prototype:{…}}
console.log(p(1,2,3));
//输出:
//called:1...2...3
//6
```

2. this 关键字

在对目标对象使用 Proxy 代理的情况下，目标对象内部的 this 关键字指向 Proxy 代理。代码如下:

```
let obj = {
    fn:function() {
        console.log(this);
    }
};
const handler = {};
const proxy = new Proxy(obj,handler);
obj.fn();                                             //输出: {fn:f}
proxy.fn();                                           //输出: Proxy{fn:f}
```

7.6　API 之 Reflect 反射

与 Proxy 对象一样，Reflect 也是 ES6 为了操作对象而引入的新的 API。Reflect 是一个内置的对象，它的属性和方法都是静态的，与内置对象 Math 类似。

Reflect 对象的设计目的主要有以下几点。

- 将 Object 对象的一些明显属于语言内部的方法，如 Object.getPrototypeOf()方法，放到 Reflect 对象上，并对一些 Object 方法的返回结果进行修改，使其变得更合理。

- Object 包含一些命令式操作，比如 name in obj 和 delete obj[name]。Reflect 对其也进行了改进，以使 Object 的操作都变成函数行为。
- Reflect 对象的方法与 Proxy 支持的拦截操作方法的命名相同，形成一一对应的关系。这样，Proxy 对象可以非常方便地调用 Reflect 方法，完成默认行为。

1. 静态方法

Reflect 对象一共包含 14 种静态方法，如表 7-2 所示。

表 7-2　Reflect 对象包含的静态方法

静态方法	说明
Reflect.apply(target,thisArg,args)	等同于 Function.prototype.apply.call(func,thisArg,args)，用于绑定 this 对象后执行给定函数
Reflect.construct(target,args)	等同于 new target(...args)，这提供了一种不使用 new 来调用构造函数的方法
Reflect.get(target,name,receiver)	查找并返回 target 对象的 name 属性，如果没有该属性，则返回 undefined
Reflect.set(target,name,value,receiver)	设置 target 对象的 name 属性等于 value
Reflect.defineProperty(target,name,desc)	基本等同于 Object.defineProperty，用来为对象定义属性。未来，后者会被逐渐废除，请从现在开始就使用 Reflect.defineProperty
Reflect.deleteProperty(target,name)	等同于 delete obj[name]，用于删除对象的属性
Reflect.has(target,name)	作用与 in 操作符相同
Reflect.ownKeys(target)	用于返回对象的所有属性，基本等同于 Object.getOwnPropertyNames 与 Object.getOwnPropertySymbols 之和
Reflect.isExtensible(target)	对应 Object.isExtensible，返回一个布尔值，表示当前对象是否可扩展
Reflect.preventExtensions(target)	对应 Object.preventExtensions 方法，用于让一个对象变为不可扩展。它返回一个布尔值，表示是否操作成功
Reflect.getOwnPropertyDescriptor(target,name)	基本等同于 Object.getOwnPropertyDescriptor，用于得到指定属性的描述对象，将来会替代掉后者
Reflect.getPrototypeOf(target)	用于读取对象的 __proto__ 属性，对应 Object.getPrototypeOf(obj)
Reflect.setPrototypeOf(target,prototype)	用于设置目标对象的原型（prototype），对应 Object.setPrototypeOf(obj,newProto)方法。它返回一个布尔值，表示是否设置成功
Reflect.enumerate()	通常返回目标对象自身和继承的可迭代属性的一个迭代器，在 ECMAScript 2016 中已被移除，在各浏览器中已被废弃

下面对 Reflect.apply(target,thisArg,args)方法、Reflect.get(target,name,receiver)方法和 Reflect.defineProperty(target,name,desc)方法进行说明。

Reflect.apply(target,thisArg,args)方法的代码如下：

```
Reflect.apply(Math.max,Math,[1,3,5,3,1]);              //5
//Reflect.get(target,name,receiver)方法实例
let exam = {
    name:"Tom",
    age:24,
    get info() {
        return this.name + this.age;
    }
}
console.log(Reflect.get(exam,'name'));                 //输出："Tom"
//当 target 对象中存在 name 属性的 getter 方法时，getter 方法的 this 会绑定 receiver
let receiver = {
    name:"Jerry",
    age:20
}
console.log(Reflect.get(exam,'info',receiver));        //输出：Jerry20
//当 name 为不存在 target 对象的属性时，返回 undefined
console.log(Reflect.get(exam,'birth'));                //输出：undefined
//当 target 不是对象时，会报错
console.log(Reflect.get(1,'name'));                    //报错：TypeError
//Reflect.defineProperty(target,name,desc)方法实例
const student = {};
Reflect.defineProperty(student,"name",{
    value:"Mike"
});//true
console.log(student.name);                             //输出：Mike
```

2. 组合使用

Reflect 对象的方法与 Proxy 对象的方法是一一对应的，Proxy 对象的方法可以通过调用 Reflect 对象的方法获取默认行为，然后执行额外操作。代码如下：

```
let exam = {
    name:"Tom",
    age:24
}
let handler = {
    get:function (target,key) {
        console.log("getting " + key);
        return Reflect.get(target,key);
    },
    set:function (target,key,value) {
        console.log("setting" + key + "to" + value)
        Reflect.set(target,key,value);
    }
}
let proxy = new Proxy(exam,handler)
```

```
proxy.name = "Jerry"
console.log(proxy.name);
//输出:
//setting name to Jerry
//getting name
//"Jerry"
```

【附件七】

为了方便你的学习,我们将该章中的相关附件上传到以下所示的二维码,你可以自行扫码
查看。

第 8 章　引用类型

学习目标：

- 引用类型的内存回收方式；

- Object 类型；

- Array 类型；

- Set()函数和 WeakSet()函数；

- Map 对象和 WeakMap 对象；

- Global 对象和 Math 对象；

- 基本包装类型；

- Date 类型；

- RegExp 类型；

- Function 类型。

引用类型通常称为类（class）。也就是说，遇到引用值，所处理的就是对象。从传统意义来说，ECMAScript 并不真正具有类。ECMAScript 定义了"对象定义"，逻辑上等价于其他程序设计语言中的类。对象是由 new 运算符加上要实例化的对象的名字创建的。

引用类型的值保存在堆（heap）内存中的对象（object），并按引用访问，值是可变的，且值的比较是引用的比较。

8.1　引用类型的内存回收方式

8.1.1　内存模型

JavaScript 的内存空间分为栈（stack）内存和堆（heap）内存。栈内存用来提供引擎运行代码时所需的内存空间，以及存储基本数据类型和引用类型数据的地址。栈内存类似于数据结构中的堆栈数据结构，遵循后进先出原则。

堆内存用来存储一组无序且唯一的引用类型值，可以通过栈中的键名来获取。

栈内存和堆内存的存储特点如表 8-1 所示。

表 8-1　栈内存和堆内存的存储特点

内存空间	栈内存	堆内存
存储的数据	主要存储基本数据类型	存储引用数据类型
数据访问方式	按值访问	按引用访问
数据空间	存储的值大小固定，所占内存固定	存储的值可动态调整，内存空间也随之发生变化
内存空间特点	内存空间小，运行效率高	内存空间大，运行效率较低
存储方式	先进后出，后进先出	无序存储，根据引用直接获取数据

通过对应的内存分配图可以更直观地了解 JavaScript 内存分配方式，代码如下：

```
let a = 123;                    //栈内存
let b = "hello world!";         //栈内存
let c = null;                   //栈内存
let d = {x:100};                //变量 d 存在于栈中，{x:100}作为对象存在于堆中
let e = [1,2,3];                //变量 e 存在于栈中，[1,2,3]作为对象存在于堆中
```

上述代码对应的内存分配如图 8-1 所示。

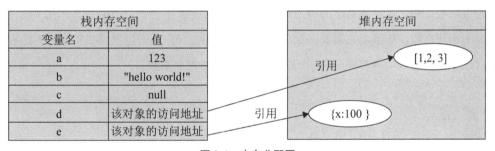

图 8-1　内存分配图

要访问堆内存中的引用数据类型，首先需从栈内存空间中获取该对象的地址引用，然后从堆内存空间中获取需要的数据。

8.1.2　内存分配

ECMAScript 变量可分为两种不同类型的值：基本类型值和引用类型值。基本类型值主要包括 Undefined、Null、Boolean、Number、String、Symbol 和 BigInt。引用类型值主要包括 Object、Array、Function 等。

基本类型值是指存放在栈中的简单数据段，其值直接存储在变量访问的位置。而引用类型值存放在堆中。引用类型值的变量名是一个存放在栈中的指针，指向堆中的引用类型值对象。

例如，通过分析实例来具体看两者之间的区别，代码如下：

```
var a = 123;
var b = a;
```

```
b = 456;
console.log("a = " + a);                    //输出: a = 123
console.log("b = " + b);                    //输出: b = 456
var c = {
    m:123,
    n:456
};
var d = c;
d.m = 789;
console.log("c.m = " + c.m);                //输出: c.m = 789
console.log("d.m = " + d.m);                //输出: c.m = 789
```

在上述代码中，变量 a、b 存储的是基本类型值，修改 b 的值对 a 没有影响。变量 c、d 存储的是对象，修改 d 的值，c 的值也会发生变化。这是因为 c、d 是存储在栈内存中的一个指向对象的指针，而对象存储在另外的内存中，即堆内存中。当通过其中一个指针访问并修改对象时，另外一个指针因为指向相同的对象而同步发生变化。

8.1.3　内存泄漏

垃圾回收机制的原理就是使用引用计数法，即语言引擎有一张"引用表"，保存了内存里所有资源的引用次数。如果不再需要一个值，且引用数不为 0，那么垃圾回收机制是无法释放这块内存的，从而导致"内存泄漏"，就像图 8-2 左下角的两个对象。

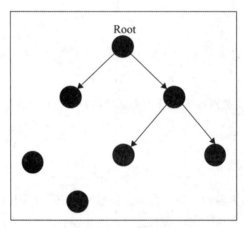

图 8-2　内存泄漏图

使用了内存之后，如果后面不再被用到，且还没有及时释放，这就叫内存泄漏。如果出现了内存泄漏，那么有可能让内存越来越大，从而导致浏览器崩溃。

1. 查看是否有内存泄漏

怎样可以观察到内存泄漏呢？如果连续 5 次垃圾回收之后，内存占用一次比一次大，就说明有内存泄漏。这就要求实时查看内存占用，查看是否有内存泄漏的步骤如下。

（1）打开开发者工具，选择"Performance"面板。

（2）勾选"Memory"。

（3）点击左上角的"录制"按钮。

（4）在页面上模拟用户的使用情况进行各种操作。

（5）一段时间后，点击对话框的"stop"按钮，面板上就会显示这段时间的内存占用情况。

（6）如果内存占用基本平稳，接近水平，就说明不存在内存泄漏，反之，跨度大，斜坡较陡，则存在内存泄漏，如图 8-3 所示。

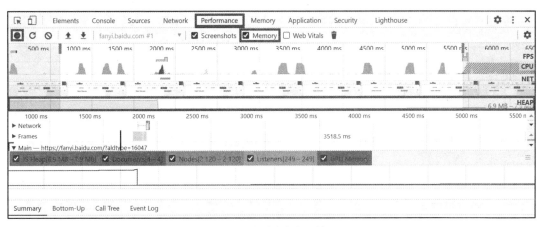

图 8-3　查看内存占用情况

2. 处理内存泄漏

最常见的内存泄漏源于 DOM 事件绑定，尤其当带着事件的 DOM 反复创建、移除的时候，泄漏的多少取决于处理函数的闭包范围内有多少内存。常见的避免方式有以下几种。

（1）不要动态绑定事件。

（2）不要在动态添加或者被动态移除的 DOM 上绑定事件，使用事件冒泡在父容器中监听事件。

（3）如果违反上面的原则，则必须提供 destroy 方法，保证移除 DOM 后事件也被移除，这点可以参考 Backbone 的源代码。

（4）单例化，少创建 DOM 或少绑定事件。

除此之外，处理内存泄漏还有以下两种方式。

（1）在局部作用域中，等函数执行完毕后，变量就没有存在的必要了，js 垃圾回收机制会很快做出判断并且回收，但是，对于全局变量，很难判断什么时候不用，所以尽量少使用全局变量。

（2）手动清除，设置变量为 null。

3. 引起内存泄漏的原因

引起内存泄漏的情况主要有以下几点。

（1）意外的全局变量引起的内存泄漏。

内在泄漏产生的原因是 JavaScript 中的全局变量，只有当页面被关闭后才会销毁。如果使用严格模式避免，函数内使用 var 定义，块内使用 let、const，就可解决此问题。例如，产生内存泄漏的代码如下：

```
function foo(arg) {
    bar = "this is a hidden global variable";        //没有使用 var
}
function foo() {
    this.variable = "potential accidental global";
}                                                    //一般函数调用，this 指向全局
```

（2）闭包引起的内存泄漏。

内在泄漏产生的原因是闭包可以维持函数内的局部变量，使其得不到释放。如果将事件处理函数定义在外部，解除闭包或者在定义事件处理函数的外部函数中，删除对 dom 的引用，就可解决此问题。例如，产生内存泄漏的代码如下：

```
function dothing() {
    let thing = 'eat'
    return function() {
        console.log(thing)
    }
}
```

（3）删除元素造成的内存泄漏。

例如，产生内存泄漏的代码如下：

```
<body>
    <div id="wrap">
        <span id="link">点击</a>
    </div>
    <script>
        let wrap = document.querySelector('#wrap'),
            link = document.querySelector('#link');
        function handleClick() {
            alert('clicked');
        }
        link.addEventListener('click',handleClick);
        wrap.removeChild(link);
        document.body.appendChild(link);
    </script>
</body>
```

即使 link 已经被移除，然后通过 appendChild 添加到 div 平级的地方，点击之后还是有事件发生，说明这里的元素被移除后再添加，事件还是可以用的。但是，我们已经将之移除了，所

以，后面就不需要了，但是 span 标签还是被 link 变量所引用，这样，就造成了内存泄漏。所以，可以在 link 被移除的时候就清除这个引用，修改代码如下：

```
<body>
    <div id="wrap">
        <span id="link">点击</span>
    </div>
    <script>
        let wrap = document.querySelector('#wrap'),
            link = document.querySelector('#link')
        function handleClick() {
            alert('clicked');
            wrap.removeChild(link);
            link = null
        }
        link.addEventListener('click',handleClick);
    </script>
</body>
```

（4）被遗漏的定时器和回调函数造成的内存泄漏。

在 JavaScript 中，setInterval() 的使用十分常见。其他库也会经常提供观察者和需要回调的功能。这些库中的绝大部分都会关注一点，就是当它们自身的实例被销毁之前，销毁所有指向回调的引用。通常，使用 setInterval() 情况下的代码如下：

```
<body>
    <div id="Node"></div>
    <script>
        var someResource = new Date();
        setInterval(function() {
            var node = document.getElementById('Node');
            if (node) {
                //使用 node 和 someResource
                node.innerHTML = JSON.stringify(someResource);
            }
        },1000);
    </script>
</body>
```

上述代码说明了摇晃的定时器会造成引用节点或者数据的定时器不起作用。那些表示节点的对象在将来可能会被移除掉，所以将整个代码块放在周期处理函数中并非必要。然而，由于周期处理函数一直在运行，所以周期处理函数并不会被回收（只有周期处理函数停止运行之后才开始回收内存）。如果周期处理函数不能被回收，则其依赖程序也同样无法被回收。这意味着一些资源，也许是一些相当大的数据也无法被回收。

下面举一个观察者的例子，当它们不再被需要的时候（或者关联对象将要失效的时候），显式地将它们移除十分必要。以前，尤其对于某些浏览器（IE6）来说，是至关重要的一步，因为它们不能很好地管理循环引用（下面的代码描述了更多的细节）。现在，当观察者对象失效的时候便会被回收，即使 listener 没有被明确地移除，绝大多数浏览器也可以或者将支持这个特性。尽管如此，在对象被销毁之前，移除观察者依然是一个好的方法，使用代码如下：

```
<body>
    <div id="button">button</div>
    <script>
        var element = document.getElementById('button');
        element.addEventListener('click',onClick);
        function onClick(event) {
            element.innerHtml = 'text';
            //Do stuff
            element.removeEventListener('click',onClick);
            element.parentNode.removeChild(element);
        }
    </script>
</body>
```

观察者和循环引用常会让 JavaScript 开发者踩坑。以前在 IE 浏览器的垃圾回收器上会导致一个 bug（或者是浏览器设计上的问题）。旧版本的 IE 浏览器不会发现 DOM 节点和 JavaScript 代码之间的循环引用。这是一种观察者的典型情况，观察者通常保留着被观察者的引用（正如上述例子中描述的那样）。换句话说，在 IE 浏览器中，每当一个观察者被添加到一个节点上时，就会发生一次内存泄漏。这也是开发者在节点或者空的引用被添加到观察者之前显式移除处理方法的原因。目前，现在的浏览器（包括 IE 和 Microsoft Edge）都使用了可以发现这些循环引用并正确处理它们的现代化垃圾回收算法。换言之，严格来讲，在废弃一个节点之前，调用 removeEventListener 不再是必要的操作。

像 jQuery 这样的框架和库（当使用一些特定的 API 时）一样，在废弃节点之前移除了 listener。它们在内部就已经处理了这些事情，并且保证不会产生内存泄漏，即使程序运行在那些问题很多的浏览器中，比如老版本的 IE 浏览器。

（5）console.log 造成的内存泄漏。

作为前端，平时使用 console.log 在控制台打印出相应的信息非常常见。但如果没有去掉 console.log，可能会存在内存泄漏。因为在代码运行之后，需要在开发工具中查看对象信息，所以传递给 console.log 的对象不能被垃圾回收。

4. 垃圾回收

JavaScript 具有自动垃圾收集机制，垃圾回收器每隔一段时间就会找到那些不再使用的数据，释放其所占用的内存空间。

函数中的局部变量在函数执行结束后不再被需要，因此垃圾回收器会识别并释放它们。对于全局变量，垃圾回收器很难判断这些变量什么时候才不被需要，因此建议尽量少用全局变量。

JavaScript 中有两种策略用于标记哪些变量不再被需要，哪些变量需要被回收。这两种策略是标记清除策略和引用计数策略。

1）标记清除

JavaScript 中最常用的垃圾收集方式是标记清除。标记清除是指从根部出发看是否能到达某个对象，如果能到达，则认定这个对象被需要；如果无法到达，则释放它，这个过程大致分为以下 3 步。

（1）垃圾回收器用于创建 roots 列表，roots 通常是代码中保留引用的全局变量，在 JavaScript 中，我们一般认定全局对象 window 作为 root，也就是所谓的根部。

（2）从根部出发检查所有的 roots，所有的 children 也会被递归检查，能从 root 到达的都会被标记为 active。

（3）未被标记为 active 的数据被认定为不再需要，垃圾回收器开始释放它们。

到 2008 年为止，IE、Firefox、Opera、Chrome 和 Safari 的 JavaScript 实现使用的都是标记清除式的垃圾收集策略（或类似的策略），只是垃圾收集的时间间隔互有不同。

2）引用计数

引用计数的判断原理很简单，就是看一份数据是否还有指向它的引用，如果没有任何对象再指向它，那么垃圾回收器就会回收，代码如下：

```
//创建一个对象，由变量 o 指向这个对象的两个属性
var o = {
    name:'lisa',
    beautiful:true
};
//name 虽然设置为了 null，但 o 依旧有 name 属性的引用
o.name = null;
var s = o;
//我们修改并释放了 o 对于对象的引用，但变量 s 依旧存在引用
o = null;
//变量 s 也不再引用，对象很快会被垃圾回收器释放
s = null;
```

引用计数存在一个很大的问题，就是对象间的循环引用，比如下面的代码中，对象 o1 与 o2 相互引用，即使函数执行完毕，垃圾回收器通过引用计数也无法释放它们。

```
function fn() {
    var o1 = {};
    var o2 = {};
    o1.a = o2;                      //o1 引用 o2
    o2.a = o1;                      //o2 引用 o1
    return;
};
fn();
```

8.2　Object 类型

Object 类型是所有类型的基础类，Object 原型对象上的属性和方法可以被所有其他对象所继承。

8.2.1　Object 构造函数的属性

构造函数作为函数，具有函数的基本属性，因此后面章节其他引用类型就不再单独列出其构造函数的属性了。Object 构造函数的属性如表 8-2 所示。

表 8-2　Object 构造函数的属性

属性	说明
Object.length	值为 1，表示函数希望接收命名参数的个数
Object.prototype	指向构造函数 Object 的原型对象
Object.name	构造函数 Object 的 name 属性值为 Object
Object.__proto__	指向构造函数 Function 的原型对象
Object.arguments	指向函数中的 arguments 对象
Object.caller	指向调用当前函数的函数

8.2.2　Object 构造函数的方法

Object 构造函数作为函数，当然也拥有函数的一些基本方法，具体可查阅第 6.1.4 节的内容。下面列出了 Object 构造函数特有的方法（后面章节也只列出特有方法），如表 8-3 所示。

表 8-3　Object 构造函数的方法

方法	说明	备注
Object.assign()	将任意多个源对象自身的可枚举属性拷贝给目标对象，然后返回目标对象。 语法如下： Object.assign(target,...,sources) 参数：target 代表目前对象；sources 代表源对象	ES6
Object.create()	创建一个拥有指定 __proto__ 属性的对象。 语法如下： Object.create(proto,propertiesObject) 参数：proto 代表新创建对象的原型对象；propertiesObject 为可选参数，可为新创建的对象指定属性对象，这个参数对应 Object.defineProperties() 的第二个参数	

方法	说明	备注
Object.defineProperties()	在一个对象上添加或修改一个或者多个自有属性，并返回该对象。 语法如下： `Object.defineProperties(obj,props)` 参数：obj 代表要修改属性的对象；props 代表要定义其可枚举属性或修改的属性描述符的对象	
Object.defineProperty()	在一个对象上定义一个新属性，或者修改一个现有属性，并返回这个对象。 语法如下： `Object.defineProperty(obj,prop,descriptor)` 参数：obj 代表要修改属性的对象；prop 代表要定义或修改的属性的名称或 Symbol；descriptor 代表要定义或修改的属性的描述符	
Object.entries()	返回一个数组，该数组由给定对象所有可枚举属性的属性名和属性值[属性名，属性值]组成的键-值对。 语法如下： `Object.entries(obj)` 参数：obj 代表对象	ES8
Object.freeze()	冻结一个对象，使对象不可变，即该对象无法添加、修改或删除属性等。该方法返回被冻结的对象。 语法如下： `Object.freeze(obj)` 参数：obj 代表对象	
Object.fromEntries()	是 Object.entries()的逆操作，将键-值对列表转换为一个对象。 语法如下： `Object.fromEntries(iterable)` 参数：iterable 代表实现了可迭代协议的可迭代对象，比如 Array、Map 等	ES10
Object.getOwnPropertyDescriptor()	返回对象对应属性的属性描述符。 语法如下： `Object.getOwnPropertyDescriptor(obj,prop)` 参数：obj 代表对象；prop 代表属性名称	
Object.getOwnPropertyDescriptors()	返回对象的所有自身属性的描述符。 语法如下： `Object.getOwnPropertyDescriptors(obj)` 参数：obj 代表对象	ES8
Object.getOwnPropertyNames()	返回一个由指定对象的所有自身属性的属性名（包括不可枚举属性）组成的数组。 语法如下： `Object.getOwnPropertyNames(obj)` 参数：obj 代表对象	

续表

方法	说明	备注
Object.getOwnPropertySymbols()	返回包括一个对象自身的所有 Symbol 属性的数组。 语法如下： `Object.getOwnPropertySymbols(obj)` 参数：obj 代表对象	ES6
Object.getPrototypeOf()	返回该对象的原型。 语法如下： `Object.getPrototypeOf(obj)` 参数：obj 代表对象	
Object.is()	判断两个值是否是同一个值。 语法： `Object.is(value1,value2)` 参数：value1 代表第一个值；value2 代表第二个值	ES6
Object.isExtensible()	判断一个对象是否是可扩展的，即是否可以在它上面添加新的属性。 语法如下： `Object.isExtensible(obj)` 参数：obj 代表对象	
Object.isFrozen()	判断一个对象是否被冻结（frozen）。 语法如下： `Object.isFrozen(obj)` 参数：obj 代表被检测的对象	
Object.isSealed()	判断一个对象是否是密封的（sealed），即对象是不可扩展的，所有自身属性都是不可配置的（non-configurable）且属性是不可删除的。 语法如下： `Object.isSealed(obj)` 参数：obj 代表对象	
Object.keys()	返回一个数组，数组由对象自身的所有可枚举属性的属性名组成。 语法如下： `Object.keys(obj)` 参数：obj 代表对象	
Object.preventExtensions()	让一个对象变为不可扩展，即不能再给对象添加新的属性，然后返回该对象。 语法如下： `Object.preventExtensions(obj)` 参数：obj 代表对象	

方法	说明	备注
Object.seal()	密封一个对象，即对象无法再添加新属性且所有现有属性不可配置。当前属性的值只要原来是可写的就可以改变。 语法如下： `Object.seal(obj)` 参数：obj 代表对象	
Object.setPrototypeOf()	将对象的 __proto__ 属性设置为另一个对象或 null。 语法如下： `Object.setPrototypeOf(obj,prototype)` 参数：obj 代表要设置 __proto__ 的对象；prototype 代表 obj 的新原型（一个对象或 null）	ES6
Object.values()	返回数组，该数组由指定对象的所有可枚举属性值组成。数组中值的顺序和使用 for...in 循环遍历的顺序一样。 语法如下： `Object.values(obj)` 参数：obj 代表对象	ES8

下面对 Object.defineProperty()方法、Object.entries()方法和 Object.getOwnPropertyDescriptor()方法的使用进行说明。

使用 Object.defineProperty()方法的代码如下：

```
const obj = {};
Object.defineProperty(obj,'name',{
    value:'lisa',
    writable:false
});
console.log(obj.name);              //输出：lisa
obj.name = 'tom';
console.log(obj.name);              //输出：lisa
```

使用 Object.entries()方法的代码如下：

```
var obj = {
    name:'lisa',
    sex:'girl',
    age:14
};
console.log(Object.entries(obj));//输出：[["name","lisa"],["sex","girl"],["age",14]]
var obj1 = {
    2:'a',
    1:'b',
    4:'c'
};
console.log(Object.entries(obj1));      //输出：[["1","b"],["2","a"],["4","c"]]
```

```
var obj2 = {
    name:'lisa',
    say:function() {
        console.log('hello world!');
    }
}
console.log(Object.entries(obj2));        //输出: [["name","lisa"],["say",f]]
```

使用 Object.getOwnPropertyDescriptor()方法的代码如下:

```
var o = {
    get fn() {
        return 'hello world!';
    }
};
var d = Object.getOwnPropertyDescriptor(o,"fn");
console.log(d);                            //输出:
{set:undefined,enumerable:true,configurable:true,get:f}
```

8.2.3 Object 原型对象的属性

Object 实例对象的属性全都建立在其原型对象上，这意味着它的所有这些属性都将被其他对象所继承，Object 实例的属性如表 8-4 所示。

表 8-4　Object 实例的属性

属性	说明	备注
Object.prototype.__proto__	实体对象指向其构造函数的 prototype 属性所指的对象,实例的__proto__是引用构造函数的 prototype 属性所指的对象	已废弃
Object.prototype.constructor	返回一个指向创建了该对象原型的函数引用，返回的是函数本身，不是包含函数名称的字符串；依赖一个对象的 constructor 属性并不安全，因为其可以被赋值，从而改变指向，然后丢失方法	
Object.prototype.__noSuchMethod__	当未定义的对象成员被调用作方法的时候，允许定义并执行的函数	非标准
Object.prototype.__count__	用于直接返回用户定义对象中属性的数量，已被废除	已废弃
Object.prototype.__parent__	用于指向对象的内容，已被废除	已废弃

8.2.4 Object 原型对象的方法

Object 实例对象的方法全部建立在其原型对象上，也将被其他对象所继承，Object 实例方法如表 8-5 所示。

表 8-5　Object 实例方法

方法	说明	备注
Object.prototype.__defineGetter__()	已废弃，__defineGetter__ 方法可以将一个函数绑定在当前对象的指定属性上，当那个属性的值被读取时，所绑定的函数就会被调用。 语法如下： `obj.__defineGetter__(prop,func)` 参数：prop 代表指定的属性名；func 代表一个函数，当 prop 属性的值被读取时，自动被调用	已废弃
Object.prototype.__defineSetter__()	已废弃，__defineSetter__ 方法可以将一个函数绑定在当前对象的指定属性上，当那个属性被赋值时，你所绑定的函数就会被调用。 语法如下： `obj.__defineSetter__(prop,fun)` 参数：prop 代表指定的属性名；fun 代表一个函数，当为 prop 属性赋值时被调用	已废弃
Object.prototype.__lookupGetter__()	已废弃，__lookupGetter__ 方法可返回当前对象上指定属性的属性读取访问器（getter）函数。 语法如下： `obj.__lookupGetter__(prop)` 参数：prop 代表属性名	已废弃
Object.prototype.__lookupSetter__()	已废弃，__lookupSetter__ 方法可返回一个对象的某个属性上绑定了 setter（设置器）的钩子函数的引用。 语法如下： `obj.__lookupSetter__(prop)` 参数：prop 代表要返回的 setter 的钩子函数名	已废弃
Object.prototype.hasOwnProperty()	返回一个布尔值，表示某个对象是否含有指定的属性，而且此属性继承自非原型链。 语法如下： `obj.hasOwnProperty(prop)` 参数：prop 代表要检测的属性或 Symbol	
Object.prototype.isPrototypeOf()	返回一个布尔值，表示指定的对象是否在该对象的原型链中。 语法如下： `prototypeObj.isPrototypeOf(object)` 参数：object 代表原型链被搜索对象	
Object.prototype.propertyIsEnumerable()	返回一个布尔值，用于判断指定属性是否可枚举。 语法如下： `obj.propertyIsEnumerable(prop)` 参数：prop 代表需要测试的属性名	

续表

方法	说明	备注
Object.prototype.toLocaleString()	返回对象的字符串表示。 语法如下： `obj.toLocaleString()`	

Object.prototype.toSource()	返回一个表示对象源代码的字符串。
	语法如下：
	`Object.toSource();`
	`obj.toSource()`
		非标准

Object.prototype.toString()	返回对象的字符串表示。 语法如下： `obj.toString()`	
Object.prototype.valueOf()	返回指定对象的原始值。 语法如下： `object.valueOf()`	
Object.prototype.unwatch()	移除对象某个属性的监听。 语法如下： `obj.unwatch(prop)` 参数：prop 代表想要停止监视的对象的属性名	只有 Gecko 实现
Object.prototype.watch()	给对象的某个属性增加监听。 语法如下： `obj.watch(prop,handler)` 参数：prop 代表想要监视的对象的某个属性的属性名称；handler 代表当被监视属性发生变化时所执行的回调函数	只有 Gecko 实现
Object.prototype.eval()	已废弃，用于在对象的上下文中对 JavaScript 代码字符串求值，但该方法已被移除。 语法如下： `obj.eval(string)` 参数：string 代表包含任意 JavaScript 表达式、语句的字符串	已废弃

下面对 Object.prototype.hasOwnProperty()方法和 Object.prototype.isPrototypeOf()方法进行说明。

使用 Object.prototype.hasOwnProperty()方法的代码如下：

```
const obj = {};
obj.name = 'lisa';
console.log(obj.hasOwnProperty('name'));              //输出：true
console.log(obj.hasOwnProperty('constructor'));       //输出：false
console.log(obj.hasOwnProperty('toString'));          //输出：false
console.log(obj.hasOwnProperty('hasOwnProperty'));    //输出：false
console.log(obj.hasOwnProperty('__proto__'));         //输出：false
```

使用 Object.prototype.isPrototypeOf()方法的代码如下：

```
function Fn1() {}
function Fn2() {}
function Fn3() {}
Fn2.prototype = Object.create(Fn1.prototype);
Fn3.prototype = Object.create(Fn2.prototype);
var obj = new Fn3();
console.log(Fn3.prototype.isPrototypeOf(obj));          //输出：true
console.log(Fn2.prototype.isPrototypeOf(obj));          //输出：true
console.log(Fn1.prototype.isPrototypeOf(obj));          //输出：true
console.log(Object.prototype.isPrototypeOf(obj));       //输出：true
```

8.3　Array 类型

8.3.1　数组

数组是指有序的元素序列，可以通过 new 关键字加上 Array 构造函数创建，代码如下：

```
var cars = new Array("Saab","Volvo","BMW");
```

也可以通过字面量形式来创建数组，代码如下：

```
var cars = ["Saab","Volvo","BMW"];
```

数组可通过索引号来访问数组中的元素。访问上述数组 cars 中的元素的代码如下：

```
console.log(cars[0]);          //输出：Saab
console.log(cars[1]);          //输出：Volvo
console.log(cars[2]);          //输出：BMW
```

数组具有 length 属性，可返回数组中的元素个数。访问数组 cars 的长度的代码如下：

```
console.log(cars.length);          //输出：3
```

数组的具体属性如表 8-6 所示。

表 8-6　数组的具体属性

属性	说明
Array.prototype.constructor	所有的数组实例都继承了这个属性，它的值就是 Array，表明了所有的数组都是由 Array 构造出来的
Array.prototype[@@unscopables]	@@unscopable 符号属性包含那些不被包括在版本 ES2015 之前的 ECMAScript 标准属性名称。这些属性已从 with 语句绑定中排除
N	通过索引访问数组元素
Array.prototype.length	Array 的实例属性，返回或设置一个数组中的元素个数

8.3.2 类数组

类数组是一个类似数组的对象。在 JavaScript 中，常见的类数组有 arguments 对象和 DOM 方法的返回结果，如 document.getElementsByTagName('div')。

对于一个普通的对象来说，当满足以下 3 个特点时，就是一个类数组对象。

（1）拥有 length 属性。

（2）除 length 属性以外，所有其他属性都是非负整数。

（3）不是数组（不具备数组的方法）。

创建一个简单的类数组并访问其相关属性的代码如下：

```
let obj={0:'lisa',2:'tom',3:'david','length':3};
console.log(obj.length);                    //输出：3
console.log(obj[0]);                        //输出：lisa
```

8.3.3 创建数组的方法

除第 8.3.1 节介绍过的两种创建数组的方法外，ES6 引入的 Array.of()方法也可创建具有可变数量参数的数组实例。Array of()方法与构造函数创建数组的区别在于，处理整数参数的不同，如 Array.of(7)表示创建一个具有单个元素 7 的数组，而 Array(7)则表示创建一个长度为 7 的空数组，代码如下：

```
console.log(Array.of(7));                   //输出：[7]
console.log(Array.of(1,2,3,4));             //输出：[1,2,3,4]
console.log(Array(7));                      //输出：[empty×7]
console.log(Array(1,2,3,4));                //输出：[1,2,3,4]
```

8.3.4 数组的转化方法

数据类型之间存在一些相互转化的方法，与数组有关的转化方法如表 8-7 所示。

表 8-7　与数组有关的转化方法

方法	说明	备注
Array.prototype.toString()	用于将数组转换为字符串，并返回该字符串的方法。 语法如下： `arr.toString()`	
Array.prototype.toLocaleString()	用于将数组转换为字符串，并返回该字符串的方法。 语法如下： `arr.toLocaleString([locales[,options]])` 参数：locales 为可选参数，代表带有 BCP 47 语言标记的字符串或字符串数组；options 为可选参数，代表一个可配置属性的对象	

续表

方法名	说明	备注
Array.prototype.valueOf()	返回数组对象的原始值。valueOf()方法通常由 JavaScript 在后台自动调用，并不显式地出现在代码中。 语法如下： `arr.valueOf()`	
Array.prototype.join()	将数组的所有元素以一定的方式连接成一个字符串并返回这个字符串。其行为类似于 toString()，但是可以规定分隔符。 语法如下： `arr.join([separator])` 参数：separator 为可选参数，代表分隔符。如果未设置参数，则数组元素用逗号（,）分隔	
Array.prototype.toSource()	返回数组的源代码。此方法通常由 JavaScript 在后台自动调用，并不显式地出现在代码中。 语法如下： `arr.toSource()`	
Array.from()	该方法可用于将一个类数组对象或者可遍历对象转换成一个真正的数组。 语法如下： `Array.from(arrayLike[,mapFn[,thisArg]])` 参数：arrayLike 代表类数组对象或可迭代对象；mapFn 为可选参数，如果指定了该参数，新数组中的每个元素都会执行该回调函数；thisArg 为可选参数，代表执行回调函数 mapFn 时的 this 对象	ES6

关于 join()方法的使用，代码如下：

```
var colors = ['red','yellow','green'];
var str1 = colors.join();
var str2 = colors.join(',');
var str3 = colors.join(' + ');
var str4 = colors.join('');
var str5 = colors.join('...');
console.log(str1);              //输出: red,yellow,green
console.log(str2);              //输出: red,yellow,green
console.log(str3);              //输出: red + yellow + green
console.log(str4);              //输出: redyellowgreen
console.log(str5);              //输出: red...yellow...green
```

8.3.5　数组的栈方法

栈是一种后进先出的数据结构，数组可以通过 push()方法和 pop()方法来实现数组数据的后进先出，所以 push()方法和 pop()方法也被称为数组的栈方法。数组所拥有的栈方法如表 8-8 所示。

表 8-8　数组的栈方法

方法名	说明
Array.prototype.push()	可向数组的末尾添加一个或多个元素，并返回该数组的新长度。 语法如下： `arr.push(element1,...,elementN)` 参数：elementN 代表被添加到数组末尾的元素
Array.prototype.pop()	用于删除数组的最后一个元素，并返回该元素。 语法如下： `arr.pop()`

关于 push()方法和 pop()方法的使用，代码如下：

```
var colors = [];                          //创建一个数组
var len1 = colors.push("red","green");    //推入两项
console.log(len1);                        //输出：2
len2 = colors.push("black");              //推入另一项
console.log(len2);                        //输出：3
console.log(colors);                      //输出：["red","green","black"]
var item = colors.pop();                  //获得最后一项
console.log(colors);                      //输出：["red","green"]
console.log(item);                        //输出："black"
console.log(colors.length);               //输出：2
```

8.3.6　数组的队列方法

队列数据结构的访问规则是先进先出。数组的 shift()方法和 unshift()方法可以实现数组数据的先进先出，所以 shift()方法和 unshift()也被称为数组的队列方法。数组所拥有的队列方法如表 8-9 所示。

表 8-9　数组的队列方法

方法名	说明
Array.prototype.shift()	用于删除数组的第一个元素，并返回该元素。 语法如下： `arr.shift()`
Array.prototype.unshift()	可向数组的开头添加一个或多个元素，并返回该数组的新长度。 语法如下： `arr.unshift(element1,...,elementN)` 参数：elementN 代表要添加到数组开头的元素

关于 shift()方法和 unshift()方法的使用，代码如下：

```
var colors = [];                          //创建一个数组
var len1 = colors.push("red","green");    //推入两项
console.log(len1);                        //输出：2
```

```
len2 = colors.push("black");                    //推入另一项
console.log(len2);                              //输出：3
var item = colors.shift();                      //获得第一项
console.log(item);                              //输出："red"
console.log(colors.length);                     //输出：2
```

8.3.7　数组的重排序方法

数组的重排序方法可以实现数组中元素位置的变化，数组的重排序方法如表 8-10 所示。

表 8-10　数组的重排序方法

方法名	说明
Array.prototype.reverse()	将数组中元素的位置颠倒，并返回该数组。 语法如下： `arr.reverse()`
Array.prototype.sort()	主要用于对数组的元素进行排序。 语法如下： `arr.sort([compareFunction])` 参数：compareFunction 为可选参数，用来指定排序方式的函数。如果省略，则元素按照转换为字符串的各个字符的 Unicode 位点进行排序

sort()方法有一个可选参数。数组在调用 sort()方法时，如果没有传入参数，则数组中的元素将按字母顺序（字符编码顺序）进行排序。

通常情况下，需要对数组按照升序、降序等规则进行重排序，此时就需要传入 sort()方法的参数，该参数为一个函数，函数要比较两个值，并且返回一个用于说明这两个值的相对顺序的数字，代码如下：

```
var arr = [22,12,3,43,56,47,4];
arr.sort();
console.log(arr);                               //输出：[12,22,3,4,43,47,56]
arr.sort(function (m,n) {
    if (m < n) return - 1
    else if (m > n) return 1
    else return 0
});
console.log(arr);                               //输出：[3,4,12,22,43,47,56]
```

8.3.8　数组的操作方法

数组的操作方法可以用来操作数组中的元素。数组的操作方法如表 8-11 所示。

表 8-11　数组的操作方法

方法名	说明	备注

Array.prototype.concat()	用于合并两个或多个数组，并返回合并后的新数组。
	语法如下：
	`var new_array =`
	`old_array.concat(value1[,value2[,...[,valueN]]])`
	参数：valueN 为可选参数，代表数组和/或值将被合并到一个新的数组中。如果省略了参数，则 concat 会返回调用此方法的现存数组的一个浅拷贝	

Array.prototype.slice()	可从已有的数组中返回包含选定元素的新数组。 语法如下： `arr.slice([begin[,end]])` 参数：begin 为可选参数，代表起始索引，从该索引开始提取原数组元素。如果省略该参数，则从 0 位置开始提取元素。如果该参数为负数，则从原数组中的倒数第几个元素开始提取。如果参数大于原数组的长度，则会返回空数组。end 为可选参数，代表终止索引。slice 会提取原数组中索引从 begin 到 end 的所有元素（包含 begin，但不包含 end）。如果省略该参数，则会一直提取到数组末尾。如果该参数为负数，则它表示从原数组中的倒数第几个元素结束抽取。如果该参数大于数组的长度，slice 也会一直提取到原数组末尾	
Array.prototype.splice()	可用于在数组中删除、插入或替换元素，并返回执行相关操作后的数组。 语法如下： `arrayObject.splice(index,howmany,item1,…,itemX)` 参数：index 代表添加或删除元素的索引位置，如果为负数，则表示从数组结尾处规定位置；howmany 代表要删除的项目数量；itemX 为可选参数，代表向数组添加的新元素	
Array.prototype.copyWithin()	用于从数组的指定位置浅拷贝元素到数组的另一个指定位置，并返回调整后的数组。 语法如下： `arr.copyWithin(target[,start[,end]])` 参数：target 代表浅拷贝到指定的目标索引位置；start 为可选参数，代表选取数组元素的起始位置；end 为可选参数，代表选取数组元素的终止位置，默认为 array.length，如果为负值，则表示倒数	ES6
Array.prototype.fill()	用一个固定值替换数组中的元素，并返回该数组。 语法如下： `arr.fill(value[,start[,end]])` 参数：value 代表用来替换数组元素的值；start 为可选参数，代表起始索引，默认值为 0；end 为可选参数，代表终止索引，默认值为 this.length	ES6
Array.prototype.flat()	可按照指定的深度递归遍历数组，并将所有遍历到的元素合并为一个新数组返回。 语法如下： `var newArray = arr.flat([depth])` 参数：depth 为可选参数，代表要遍历的深度，默认值为 1	ES6

slice()方法需要接收一个或两个参数，即选定元素的起始位置和结束位置。在只有一个参数的情况下，slice()方法返回从该参数指定位置开始到当前数组末尾的所有项。如果有两个参数，则该方法返回起始位置和结束位置之间的项，但不包括结束位置的项，代码如下：

```
var colors = ["red","yellow","green","purple","blue"];
var colors2 = colors.slice(1);
var colors3 = colors.slice(2,5);
console.log(colors2);              //输出: ["yellow","green","purple","blue"]
console.log(colors3);              //输出: ["green","purple","blue"]
```

splice()方法比较灵活，它主要有以下三种用法。

（1）删除：可以删除任意数量的项，只需指定两个参数，即要删除的第一项的位置和要删除的项数。例如，splice(0,2)表示会删除数组中的前两项。

（2）插入：可以向指定位置插入任意数量的项，只需提供三个参数，即起始位置、0（要删除的项数）和要插入的项。如果要插入多个项，则可以再传入第四项、第五项，以至任意多个项。例如，splice(2,0,"red","green")表示会从当前数组的位置 2 开始插入字符串"red"和"green"。

（3）替换：可以向指定位置插入任意数量的项，且同时删除任意数量的项，只需指定三个参数，即起始位置、要删除的项数和要插入的任意数量的项。插入的项数不必与删除的项数相等。例如，splice(2,1,"red","green")表示会删除当前数组位置 2 的项，然后从位置 2 开始插入字符串"red"和"green"。

splice()方法始终都会返回一个数组，该数组中包含从原始数组中删除的项（如果没有删除任何项，则返回一个空数组），代码如下：

```
var colors = ["red","yellow","green"];
var leave = colors.splice(0,1);            //删除第一项
console.log(colors);                       //输出: ["yellow","green"]
console.log(leave);                        //输出: ["red"]
leave = colors.splice(1,0,"purple","blue"); //从位置 1 开始插入两项
console.log(colors);                       //输出:
["yellow","purple","blue","green"]
console.log(leave);                        //输出: []
leave = colors.splice(1,1,"red","purple");  //插入两项，删除一项
console.log(colors);            //输出: ["yellow","red","purple","blue","green"]
console.log(leave);                        //输出: ["purple"]
```

copyWithin()方法在使用过程中需要传入参数，第一个参数必选，表示复制到指定目标索引位置。第二个、第三个参数为可选参数，分别表示元素复制的起始位置和停止复制的索引位置（如果为负值，则表示倒数），代码如下：

```
console.log([1,2,3,4,5].copyWithin(-1));    //输出: [1,2,3,4,1]
```

```
console.log([1,2,3,4,5].copyWithin(0,4));        //输出: [5,2,3,4,5]
console.log([1,2,3,4,5].copyWithin(0,3,4));      //输出: [4,2,3,4,5]
console.log([1,2,3,4,5].copyWithin(-2,-3,-1));   //输出: [1,2,3,3,4]
```

fill()方法可以包含三个参数，第一个参数必选，表示填充的值，第二个和第三个参数可选，分别表示填充开始位置和停止填充位置，代码如下：

```
console.log([1,2,3].fill('a'));      //输出: ["a","a","a"]
console.log([1,2,3].fill('a',1));    //输出: [1,"a","a"]
console.log([1,2,3].fill('a',1,2));  //输出: [1,"a",3]
console.log([1,2,3].fill('a',1,1));  //输出: [1,2,3]
console.log([1,2,3].fill('a',3,3));  //输出: [1,2,3]
```

flat()方法可接收一个参数，表示想要"拉平"的层数，默认为 1，代码如下：

```
console.log([1,2,[3,4]].flat());        //输出: [1,2,3,4]
console.log([1,2,[3,[4,5]]].flat());    //输出: [1,2,3,[4,5]]
console.log([1,2,[3,[4,5]]].flat(2));   //输出: [1,2,3,4,5]
```

8.3.9 数组的位置方法

数组的位置方法如表 8-12 所示。

表 8-12 数组的位置方法

方法名	描述
Array.prototype.indexOf()	返回查找的元素在数组中第一次出现的索引位置，默认情况下，indexOf()方法从数组的开头开始向后查找。 语法如下： arr.indexOf(searchElement[,fromIndex]) 参数：searchElement 代表要查找的元素；fromIndex 为可选参数，代表开始查找的位置，其合法取值为 0 到 arr.length−1
Array.prototype.lastIndexOf()	返回查找的元素在数组中第一次出现的位置，但是默认情况下，lastIndexOf()是从数组的末尾开始向前查找。 语法如下： arr.lastIndexOf(searchElement[,fromIndex]) 参数：searchElement 代表被查找的元素；fromIndex 为可选参数，代表从此位置开始逆向查找，其合法取值为 0 到 arr.length−1

indexOf()方法和 lastIndexOf()方法都可接收两个参数，第一个参数是所要查找的元素，是必须有的，第二个参数为可选的整数参数，规定在数组中开始检索的位置。如果省略第二个参数，则将从字符串的首字符开始检索，代码如下：

```
var arr = ['a','b','c','d','e','d','c','b','a'];
console.log(arr.indexOf('d'));       //输出: 3
console.log(arr.lastIndexOf('d'));   //输出: 5
```

```
console.log(arr.indexOf('d',4));                    //输出：5
console.log(arr.lastIndexOf('d',4));                //输出：3
var person = {name:"Lisa"};
var people = [{name:"Lisa"}];
var morePeople = [person];
console.log(people.indexOf(person));                //输出：-1
console.log(morePeople.indexOf(person));            //输出：0
```

8.3.10 迭代方法

ECMAScript 提供了很多用于迭代数组中元素的方法，如表 8-13 所示。

表 8-13 数组的迭代方法

方法名	描述	备注
Array.prototype.every()	检测数组内的所有元素是否都能通过某个指定函数的测试，并返回对应的布尔值。 语法如下： `arr.every(function(currentValue,index,arr),thisValue)` 参数：function(currentValue,index,arr)代表检测函数。currentValue 代表当前元素的值；index 为可选参数，代表当前元素的索引值；arr 为可选参数，代表当前元素的所属数组对象；thisValue 为可选参数，代表执行函数参数时的 this 值	
Array.prototype.filter()	创建一个新数组，新数组中的元素是原数组中通过检测且符合条件的元素。 语法如下： `arr.filter(function(currentValue,index,arr),thisValue)` 参数：function(currentValue,index,arr)代表数组中每个元素都需要执行的函数。currentValue 代表当前元素的值；index 为可选参数，代表当前元素的索引值；arr 为可选参数，代表当前元素的所属数组对象；thisValue 为可选参数，代表执行函数参数时的 this 值	
Array.prototype.forEach()	对数组的每个元素执行一次给定的函数。 语法如下： `arr.forEach(function(currentValue,index,arr),thisValue)` 参数：function(currentValue,index,arr)代表给定的函数。currentValue 代表当前元素的值；index 为可选参数，代表当前元素的索引值；arr 为可选参数，代表当前元素的所属数组对象；thisValue 为可选参数，代表执行函数参数时的 this 值	
Array.prototype.map()	创建一个新数组，其结果是该数组中每个元素都调用一次提供的函数后的返回值。 语法如下： `arr.map(function(currentValue,index,arr),thisValue)` 参数：function(currentValue,index,arr)代表数组中每个元素都需要执行的函数。currentValue 代表当前元素的值；index 为可选参数，代表当前元素的索引值；arr 为可选参数，代表当前元素的所属数组对象；thisValue 为可选参数，代表执行函数参数时的 this 值	

方法名	描述	备注
Array.prototype.flatMap()	对原数组的每个成员执行一个函数（相当于执行 Array.prototype.map()），然后对由返回值组成的数组执行 flat()方法。该方法返回一个新数组，不改变原数组。 语法如下： `arr.map(function(currentValue,index,arr),thisValue)` 参数：function(currentValue,index,arr)代表数组中每个元素都需要执行的函数。currentValue 代表当前元素的值；index 为可选参数，代表当前元素的索引值；arr 为可选参数，代表当前元素的所属数组对象；thisValue 为可选参数，代表执行函数参数时的 this 值	ES6
Array.prototype.some()	检测数组中是不是至少有一个元素通过了被提供的函数测试并返回对应的布尔值。 语法如下： `arr.some(function(currentValue,index,arr),thisValue)` 参数：function(currentValue,index,arr)代表数组中每个元素都需要执行的函数。currentValue 代表当前元素的值；index 为可选参数，代表当前元素的索引值；arr 为可选参数，代表当前元素的所属数组对象；thisValue 为可选参数，代表执行函数参数时的 this 值	
Array.prototype.find()	返回数组中第一个通过测试（函数内判断）的元素的值。 语法如下： `arr.find(function(currentValue,index,arr),thisValue)` 参数：function(currentValue,index,arr)代表数组中每个元素都需要执行的函数。currentValue 代表当前元素的值；index 为可选参数，代表当前元素的索引值；arr 为可选参数，代表当前元素的所属数组对象；thisValue 为可选参数，代表执行函数参数时的 this 值	ES6
Array.prototype.findIndex()	返回数组中第一个通过测试（函数内判断）的元素的索引，否则返回-1。 语法如下： `arr.findIndex(function(currentValue,index,arr),thisValue)` 参数：function(currentValue,index,arr)代表数组中每个元素都需要执行的函数。currentValue 代表当前元素的值；index 为可选参数，代表当前元素的索引值；arr 为可选参数，代表当前元素的所属数组对象；thisValue 为可选参数，代表执行函数参数时的 this 值	ES6
Array.prototype.entries()	返回一个数组的迭代对象，该对象包含数组的键-值对(key/value)。数组的索引值为 key，数组元素为 value。 语法如下： `arr.entries()`	ES6
Array.prototype.keys()	返回一个包含数组中每个索引键的迭代对象。 语法如下： `arr.keys()`	ES6
Array.prototype.values()	返回一个包含数组中各个元素的迭代对象。 语法如下： `arr.values()`	ES6
Array.prototype[@@iterator]()	和上面的 values()方法调用的是同一个函数，返回值相同。 语法如下： `arr[Symbol.iterator]()`	ES6

关于 forEach() 方法的使用，代码如下：

```
const arr = [1,3, ,7];
let num = 0;
arr.forEach(function (item,index,array) {
    console.log(item);
    num++;
});
console.log("num:",num);
//输出：
//1
//3
//7
//num:3
```

关于 map() 方法的使用，代码如下：

```
var nums = [1,2,3,4,5,4,3,2,1];
var re = nums.map(function(item,index,array) {
return item * 3;
});
console.log(re);                      //输出：[3,6,9,12,15,12,9,6,3]
```

关于 find() 方法的使用，代码如下：

```
const arr = [5,12,8,130,44];
const re = arr.find(function (item,index,array) {
    return item > 5;
});
console.log(re);                      //输出：12
```

关于 entries() 方法的使用，代码如下：

```
const arr = ['a','b','c'];
const iterator = arr.entries();
console.log(iterator);                //输出：Array Iterator {}
console.log(iterator.next());         //输出：{value:Array(2),done:false}
console.log(iterator.next());         //输出：{value:Array(2),done:false}
console.log(iterator.next().value);   //输出：[2,"c"]
console.log(iterator.next().value);   //输出：undefined
```

关于 Array.prototype[@@iterator]() 方法的使用，代码如下：

```
var arr = ['a','b','c','d','e'];
var eArr = arr[Symbol.iterator]();
console.log(eArr);                    //输出：Array Iterator {}
console.log(eArr.next());             //输出：{value:"a",done:false}
console.log(eArr.next());             //输出：{value:"b",done:false}
console.log(eArr.next().value);       //输出：c
console.log(eArr.next().value);       //输出：d
console.log(eArr.next().value);       //输出：e
console.log(eArr.next().value);       //输出：undefined
console.log(eArr.next().value);       //输出：undefined
```

8.3.11　归并方法

数组的归并方法如表 8-14 所示。

表 8-14　数组的归并方法

方法名	描述
Array.prototype.reduce()	接收一个函数作为累加器，数组中的每个值（从左到右）开始缩减，最终计算为一个值。 语法如下： `arr.reduce(function(total,currentValue,currentIndex,arr),initialValue)` 参数：function(total,currentValue,currentIndex,arr)代表用于执行每次数组元素的函数。total 为执行的初始值，也是最后的返回值；currentValue 代表当前元素；currentIndex 为可选参数，代表当前元素的索引值；arr 为可选参数，代表当前元素的所属数组对象。initialValue 为可选参数，代表传递给函数的初始值
Array.prototype.reduceRight()	此方法的功能和 reduce()方法的功能是一样的，不同的是，reduceRight()从数组的末尾向前将数组中的数组项进行累加。 语法如下： `arr.reduceRight(function(total,currentValue,currentIndex,arr),initialValue)` 参数：function(total,currentValue,currentIndex,arr)代表用于执行每次数组元素的函数。total 为执行的初始值，也是最后的返回值；currentValue 代表当前元素；currentIndex 为可选参数，代表当前元素的索引值；arr 为可选参数，代表当前元素的所属数组对象；initialValue 为可选参数，代表传递给函数的初始值

关于 reduce()方法的使用，代码如下：

```
var arr = [1,2,3,4,5,6,7,8,9,10];
var sum = arr.reduce(function (prev,cur,index,array) {
    return prev + cur;
});
console.log(sum);                              //输出: 55
```

8.3.12　其他方法

数组还有不在上述分类中的方法，如表 8-15 所示。

表 8-15　数组的其他方法列表

方法名	描述	备注
Array.isArray()	用于判断对象是否为数组并返回对应的布尔值。 语法如下： `Array.isArray(obj)` 参数：obj 代表需要检测的对象	ES6

方法名	描述	备注
Array.observe()	用于异步监视数组发生的变化，类似于针对对象的 Object.observe()。 语法如下： `Array.observe(arr,callback)` 参数：arr 代表被监视的数组；callback 代表当数组发生变化时调用的函数	已废弃
Array.unobserve()	用来移除 Array.observe()设置的所有观察者。 语法如下： `Array.unobserve(arr,callback)` 参数：arr 代表停止观察的数组；callback 代表当数组发生变化时调用的函数	非标准
get Array[@@species]	访问器属性，返回 Array 的构造函数。 语法如下： `Array[Symbol.species]`	ES6
Array.prototype.includes()	用来判断数组是否包含一个指定的值并返回对应的布尔值。 语法如下： `arr.includes(searchElement,fromIndex)` 参数：searchElement 代表需要查找的元素值；fromIndex 为可选参数，代表开始查找的索引值，默认值为 0。如果该参数为负值，则按升序从 arr.length+fromIndex 的索引处开始搜索	ES7
Array.prototype.valueOf()	用于返回数组对象的原始值。valueOf()方法通常由 JavaScript 在后台自动调用，并不显式地出现在代码中。 语法如下： `arr.valueOf()`	

关于 Array.isArray()方法的使用，代码如下：

```
console.log(Array.isArray([1,2,3,4]));        //输出：true
console.log(Array.isArray({id:12}));          //输出：false
console.log(Array.isArray("hello"));          //输出：false
console.log(Array.isArray(undefined));        //输出：false
console.log(Array.isArray(null));             //输出：false
```

8.4 Set()函数和 WeakSet()函数

8.4.1 Set()函数

ES6 新增加了数据结构 Set。Set 是一种数据集合，其作用与数组的作用类似，但是其成员是唯一且无序的，并且值是不重复的。

1. 基本用法

Set 本身是一个构造函数，可接受数组或其他具有 Iterable 接口的数据作为参数，用来初始化 Set。实例代码如下：

【实例代码 1】

```
const s = new Set();
[2,3,4,5,2,2,3].forEach(x => s.add(x));
for (let i of s) {
    console.log(i);
}
//输出:
//2
//3
//4
//5
```

【实例代码 2】

```
const set = new Set([1,2,3,4,4,4]);
console.log([...set]);                          //输出: [1,2,3,4]
```

【实例代码 3】

```
const items = new Set([1,2,3,4,5,5,5,5]);
console.log(items.size);                        //输出: 5
```

【实例代码 4】

```
//去除数组的重复成员[...new Set(array)]
console.log([...new Set('abwrweabbc')].join('')); //输出: abwrec
```

【实例代码 5】

```
//向 Set 加入值时认为 NaN 等于其本身
let set1 = new Set();
let a = NaN;
let b = NaN;
set1.add(a);
set1.add(b);
console.log(set1);                              //输出: Set(1) {NaN}
```

【实例代码 6】

```
//向 Set 加入任意对象值时，它们总是不相等的。
let set2 = new Set();
set2.add({});
console.log(set2.size);                         //输出: 1
set2.add({});
console.log(set2.size);                         //输出: 2
```

2. Set 属性

Set 的属性如表 8-16 所示。

表 8-16　Set 的属性列表

Set 属性	描述
Set.prototype.size	Size 属性将会返回 Set 对象中元素的个数
get Set[@@species]	Set[@@species]访问器属性返回 Set 的构造函数
Set.prototype.constructor	返回实例的构造函数，默认情况下是 Set

3. Set 方法

Set 的实例方法如表 8-17 所示。

表 8-17　Set 的实例方法表

Set 方法	描述
Set.prototype.add()	在 Set 对象尾部添加一个元素并返回。 语法如下： `mySet.add(value)` 参数：value 代表需要添加到 Set 对象的元素的值
Set.prototype.clear()	移除 Set 对象内的所有元素。 语法如下： `mySet.clear()`
Set.prototype.delete()	可以从 Set 对象中删除指定的元素。 语法如下： `mySet.delete(value)` 参数：value 代表将要删除的元素。
Set.prototype.keys()	返回键名的遍历器。 语法如下： `mySet.keys()`
Set.prototype.entries()	返回键-值对的遍历器。 语法如下： `mySet.entries()`
Set.prototype.forEach()	使用回调函数遍历每个成员。 语法如下： `mySet.forEach(function(currentValue,index,set),thisValue)` 参数:function(currentValue,index,set)代表回调函数。currentValue 代表当前元素的值；index 为可选参数，由于集合没有索引，所以该参数也代表当前元素的值，set 代表 set 对象。thisValue 为可选参数，代表执行函数参数时的 this 值。
Set.prototype.has()	用来判断值是否存在于 Set 对象中并返回对应的布尔值。 语法如下： `mySet.has(value);` 参数：value 代表被判断的值。

Set 方法	描述
Set.prototype.values()	返回键值的遍历器。 语法如下： `mySet.values();`
Set.prototype[@@iterator]()	返回 Set iterator 函数，默认值是 values()函数。 语法如下： `mySet[Symbol.iterator]`

4. 综合实例

下面将对 Set 中常用的方法加以分析，包括对 Set 数据集合进行数据和对象的添加、数据的删除以及遍历操作等，综合代码如下：

```
var mySet = new Set();
//向 mySet 里添加数据: 1, 2
mySet.add(1);
mySet.add(2);
mySet.add("abc");
//添加对象
var obj = {
    x:1,
    y:2
};
mySet.add(obj);
console.log(mySet.has(1));                          //输出: true
console.log(mySet.has(2));                          //输出: true
console.log(mySet.has(3));                          //输出: false
console.log(mySet.has(Math.sqrt(4)));               //输出: true
console.log(mySet.has("aBc".toLowerCase()));        //输出: rue
console.log(mySet.has(obj));                        //输出: true
console.log(mySet.size);                            //输出: 4
mySet.delete(2);                                    //从 mySet 里删除 2
console.log(mySet.has(2));                          //输出: false, 2 已经被删除了
console.log(mySet.size);                            //输出: 3
console.log('------')
//通过 for...or 循环获取数据;
for (let item of mySet) console.log(item);
//输出:1,"abc",{x:1,y:2}
console.log('------')
for (let item of mySet.keys()) console.log(item);
//输出:1,"abc",{x:1,y:2}
console.log('------')
for (let item of mySet.values()) console.log(item);
//输出:输出:1,"abc",{x:1,y:2}
console.log('------')
for (let [key,value] of mySet.entries()) console.log(key);
```

```
//输出:输出:1,"abc",{x:1,y:2},对于 Set 来说：key 和 value 是一样的
//将 set 数据结构转化为数组的第二种方式
var myArr = Array.from(mySet);//输出:1,"abc",{x:1,y:2}
//也可以使用 next()方法，手动去获取每一个值
//iterator()方法实例
const setIter = mySet[Symbol.iterator]();
console.log(setIter.next().value);              //输出：1
console.log(setIter.next().value);              //输出：abc
console.log(setIter.next().value);              //输出：{x:1,y:2}
```

8.4.2 WeakSet()函数

WeakSet 是一些对象值的集合，并且每个对象中的值只能出现一次，WeakSet 只能存储对象类型的元素，例如 Array、Object、Function 等类型。

1. 语法

WeakSet()是一个构造函数，通过使用 new 命令创建 WeakSet 数据结构，语法如下：

```
const ws = new WeakSet();
```

WeakSet()作为构造函数，可以接受数组或与数组类似的对象作为参数。代码如下：

```
const a = [[1,2],[3,4]];
const ws = new WeakSet(a);
console.log(ws);              //输出：WeakSet {[1,2],[3,4]}
```

上述代码中，a 是一个数组，它有两个数组成员。a 作为 WeakSet 的参数，那么 a 的两个数组成员也会自动成为 WeakSet 构造函数的成员。当 WeakSet 构造函数中的成员不是对象时，会发生错误，代码如下：

```
const b = [1,2];
const ws = new WeakSet(b);  //Uncaught TypeError:Invalid value used in weak set(…)
```

上述代码中，数组 b 的成员不是对象，WeakSet 会报错。

2. 属性与方法

（1）WeakSet 属性。

WeakSet 属性及其描述如表 8-18 所示。

表 8-18 WeakSet 属性及其描述

属性	描述
WeakSet.prototype.constructor	返回构造函数，即 WeakSet 本身

（2）WeakSet 方法。

WeakSet 方法及其描述如表 8-19 所示。

表 8-19　WeakSet 方法及其描述

方法	描述
WeakSet.prototype.add()	在 WeakSet 对象末尾元素后添加新元素。 语法如下： `ws.add(value);` 参数：value 代表被添加的元素
WeakSet.prototype.clear()	用于删除 WeakSet 对象的所有元素，已废弃。 语法如下： `ws.clear();`
WeakSet.prototype.delete()	从 WeakSet 对象中移除指定的元素。 语法如下： `ws.delete(value);` 参数：value 代表被移除的元素
WeakSet.prototype.has()	判断一个值是否在 WeakSet 对象中存在并返回对应的布尔值。 语法如下： `ws.has(value);` 参数：value 代表被判断的值

实例代码如下：

```
let ws = new WeakSet();
let obj1 = {};
let obj2 = {};
ws.add(obj1);
ws.add(obj2);
console.log(ws.has(obj1));                 //输出：true
console.log(ws.has(obj2));                 //输出：true
ws.delete(obj1);
console.log(ws.has(obj1));                 //输出：false
console.log(ws.has(obj2));                 //输出：true
```

3. WeakSet 与 Set 的区别

WeakSet 与 Set 的区别主要有以下两点。

（1）WeakSet 的成员只能是对象，不能是其他类型的值。

（2）WeakSet 中存储的对象值都是弱引用，若没有其他变量或属性引用该对象值，则该对象的值会被作为垃圾回收。因此，WeakSet 对象是不可枚举的，无法获得它所包含的全部元素。

8.5　Map 对象和 WeakMap 对象

8.5.1　Map 对象

1. 描述

Map 对象用于保存键-值对，并且可以记录键的原始插入顺序，任何对象或原始值都可以作为键或值。Object 同样也是键-值对的对象，但 Map 对象与 Object 对象之间有一些区别，具体如表 8-20 所示。

表 8-20　Map 对象与 Object 对象的区别

描述	Map 对象	Object 对象
意外的键	Map 默认情况下不包含任何键，只包含显式插入的键	一个 Object 有一个原型，原型链上的键名有可能与对象上设置的键名产生冲突
键的类型	Map 的键可以是任意值，包括函数、对象或任意基本类型	一个 Object 的键必须是一个 String 或 Symbol
键的顺序	Map 中的 key 是有序的，当迭代的时候，Map 对象以插入的顺序返回键值	Object 的键的迭代顺序需要通过键的类型与创建的顺序来确定
键值数量	Map 的键-值对个数可以轻易地通过 size 属性获取	Object 的键-值对个数只能手动计算
迭代	Map 是 iterable 的，所以可以直接被迭代	迭代一个 Object 需要以某种方式获取它的键，然后才能迭代
性能	Map 在频繁增删键-值对的场景下表现更好	Object 在频繁添加和删除键-值对的场景下未作出优化

2. 属性与方法

（1）属性。

Map 的属性及其描述如表 8-21 所示。

表 8-21　Map 的属性及其描述

Map 属性	描述
Map.prototype.size	size 是可访问属性，用于返回一个 Map 对象的成员数量
Map.prototype[@@toStringTag]	Map[@@toStringTag]的初始值是 Map
get Map[@@species]	Map[@@species]访问器属性会返回一个 Map 构造函数
Map.prototype.constructor	返回一个函数，它创建了实例的原型。默认是 Map 函数

（2）方法。

Map 的方法及其描述如表 8-22 所示。

表 8-22　Map 的方法及其描述

Map 方法	描述
Map.prototype.clear()	用于移除 Map 对象中的所有元素。 语法如下： `myMap.clear();`
Map.prototype.delete()	用于移除 Map 对象中所指定的元素。 语法如下： `myMap.delete(key);` 参数：key 代表被移除元素的键

Map 方法	描述
Map.prototype.entries()	用于返回一个新的包含[key,value]对的 Iterator 对象。 语法如下： `myMap.entries()`
Map.prototype.forEach()	按照插入顺序对 Map 对象中的每个键-值对执行一次参数中提供的回调函数。 语法如下： `myMap.forEach(function(currentValue,index,set),thisValue)` 参数：function(currentValue,index,map)代表回调函数。函数参数 currentValue 代表当前元素的值；函数参数 index 为可选参数，由于集合没有索引，所以该参数也代表当前元素的值；函数参数 map 代表 Map 对象。thisValue 为可选参数，代表执行函数参数时的 this 值
Map.prototype.get()	用于返回 Map 对象中的指定元素。 语法如下： `myMap.get(key);` 参数:key 代表从目标 Map 对象中获取元素的键
Map.prototype.has()	用于判断 Map 对象中是否存在指定元素并返回对应的布尔值。 语法如下： `myMap.has(key);` 参数：key 代表指定元素的键值
Map.prototype.keys()	用于返回键名的遍历器。 语法如下： `myMap.keys()`
Map.prototype.set()	为 Map 对象添加或更新一个指定了键（key）和值（value）的（新）键-值对。 语法如下： `myMap.set(key,value);` 参数：key 代表要添加元素的键；value 代表要添加元素的值
Map.prototype.values()	用于返回键值的遍历器。 语法如下： `myMap.values()`
Map.prototype[@@iterator]()	该方法的返回值与 entries()方法的返回值相同。@@iterator 属性的初始值与 entries 属性的初始值是同一个函数对象。 语法如下： `myMap[Symbol.iterator]`

3. 实例

（1）增加/删除键-值对与清空 Map，代码如下：

```
let user = {
    name:"Aaron",
```

```
        age:123
    };
    let m = new Map();
    //添加键-值对
    m.set(user,'hello map');
    console.log(m);                      //输出: {{…} => "hello map"}
    //删除键-值对
    m.delete(user);
    //清空键-值对
    m.clear();
    console.log(m);                      //输出: Map {}
```

（2）获取键-值对，代码如下：

```
    //利用键来获取对应的值
    const m = new Map();
    m.set('key','value');
    console.log(m);                      //输出: Map(1) {"key" => "value"}
    console.log(m.get('key'));           //输出: value
```

（3）判断 Map 对象中是否存在某个键，代码如下：

```
    //使用 has()方法来检查是否包含某键
    const map=new Map([['key','value']]);
    console.log(map);                    //输出: Map(1) {"key" => "value"}
    console.log(map.has('key'));         //输出: true
    console.log(map.has('value'));       //输出: false
```

（4）遍历 Map 中的键-值对

Map 对象可以通过 for-of、forEach、entries()进行遍历操作，具体代码如下：

```
    const map = new Map([
        ['key1',1],
        ['key2',2]
    ]);
    console.log(Array.from(map.entries()));  //输出: [Array(2),Array(2)]
    for (const [key,value] of map) {
        console.log(`${key}:${value}`);
    }
    //输出:
    //key1:1
    //key2:2
    map.forEach((value,key,map) =>
        console.log(`${key}:${value}`))
    //输出:
    //key1:1
    //key2:2
```

4. Map 对象与其他数据结构的相互转换

Map 对象可以与 Array、Object 以及 JSON 之间相互转换，具体实例代码如下：

（1）Map 对象转换为 Array 的代码如下：

```javascript
let map = new Map([[1,1],[2,2]]);
console.log([...map]);          //输出：[[1,1],[2,2]]
```

（2）Array 转换为 Map 对象的代码如下：

```javascript
var arr = [["key1","value1"],["key2","value2"]];
var map = new Map(arr);
console.log(map);    //输出：Map(2) {"key1" => "value1","key2" => "value2"}
```

（3）Map 对象转换为 Object 的代码如下：

```javascript
function mapToObj(map) {
    let obj = Object.create(null);
    for (let [key,value] of map) {
        obj[key] = value;
    }
    return obj;
}
const map = new Map().set('key1','value1').set('key2','value2');
console.log(mapToObj(map));      //输出：{key1:"value1",key2:"value2"}
```

（4）Object 转换为 Map 对象的代码如下：

```javascript
function objToMap(obj) {
    let map = new Map()
    for (let key of Object.keys(obj)) {
        map.set(key,obj[key])
    }
    return map
}
console.log(objToMap({
    'key1':'value1',
    'key2':'value2'
}));                 //输出：Map(2) {"key1" => "value1","key2" => "value2"}
```

（5）Map 对象转换为 JSON 的代码如下：

```javascript
function mapToJson(map) {
    return JSON.stringify([...map])
}
let map = new Map().set('key1','value1').set('key2','value2')
console.log(map);                //输出：Map(2) {"key1" => "value1","key2" =>
"value2"}
console.log(mapToJson(map));     //输出：[["key1","value1"],["key2","value2"]]
```

（6）JSON 转换为 Map 对象的代码如下：

```javascript
function objToMap(obj) {
    let map = new Map()
    for (let key of Object.keys(obj)) {
```

```
        map.set(key,obj[key])
    }
    return map
}
function jsonToStrMap(jsonStr) {
    return objToMap(JSON.parse(jsonStr));
}
console.log(jsonToStrMap('{"key1":"value1","key2":"value2"}'));
//输出: Map(2) {"key1" => "value1","key2" => "value2"}
```

8.5.2　WeakMap 对象

1. 描述

WeakMap 对象是键-值对的集合，其中键是弱引用并且必须是对象，值可以为是任意的。WeakMap 对象与 Map 对象的区别主要有以下三点。

（1）Map 对象的键可以为任何类型，而 WeakMap 对象中的键只能是对象引用。

（2）WeakMap 对象不可以包含无引用的对象，否则会被自动从集合中清除（垃圾回收机制）。

（3）WeakSet 对象不可枚举，无法获取大小。

2. 属性与方法

（1）WeakMap 属性。

WeakMap 属性及其描述如表 8-23 所示。

表 8-23　WeakMap 属性及其描述

WeakMap 属性	描述
WeakMap.prototype.constructor	用于返回创建 WeakMap 实例的原型函数。WeakMap 函数是默认的

（2）WeakMap 方法。

WeakMap 方法及其描述如表 8-24 所示。

表 8-24　WeakMap 方法及其描述

WeakMap 方法	描述
WeakMap.prototype.clear()	用来从 WeakMap 对象中移除所有元素，已废弃。 语法如下： `wm.clear()`
WeakMap.prototype.delete()	用于从 WeakMap 对象中删除指定的元素。 语法如下： `wm.delete(key)` 参数：key 代表需要删除的元素的键

WeakMap 方法	描述
WeakMap.prototype.get()	用于获取 WeakMap 中指定的元素。 语法如下： `wm.get(key);` 参数：key 代表指定元素的键
WeakMap.prototype.has()	用于判断 WeakMap 对象的元素中是否存在 key 键并返回对应的布尔值。 语法如下： `wm.has(key)` 参数：key 代表被判断的键
WeakMap.prototype.set()	根据指定的 key 和 value 在 WeakMap 对象中添加/更新元素。 语法如下： `wm.set(key,value);` 参数：key 代表要在 WeakMap 对象中添加元素的键；value 代表要在 WeakMap 对象中添加元素的值

3. 实例

WeakMap 对象的实例代码如下

```
const wm1 = new WeakMap(),wm2 = new WeakMap(),wm3 = new WeakMap();
const o1 = {},o2 = function () {},o3 = window;
wm1.set(o1,'value1');
wm1.set(o2,'value2');
//value 可以是任意值，包含一个对象或一个函数
wm2.set(o1,o2);
wm2.set(o3,undefined);
//键和值可以是任意对象，甚至是另外一个 WeakMap 对象
wm2.set(wm1,wm2);
console.log(wm1.get(o2));                    //输出：value2
console.log(wm2.get(o2));                    //输出：undefined
console.log(wm2.get(o3));                    //输出：undefined
console.log(wm1.has(o2));                    //输出：true
console.log(wm2.has(o2));                    //输出：false
console.log(wm2.has(o3));                    //输出：true
wm3.set(o1,123);
console.log(wm3.get(o1));                    //输出：123
console.log(wm1.has(o1));                    //输出：true
wm1.delete(o1);
console.log(wm1.has(o1));                    //输出：false
```

8.6 Global 对象和 Math 对象

8.6.1 Global 对象

Global（全局）对象是预定义的对象，是作为 JavaScript 的全局函数和全局属性的占位符。Global 对象是整个作用域链的头，可以说，所有预定义的对象、函数和属性都是 Global 对象的属性和方法。

实际上，ECMAScript 标准没有规定 Global 对象的类型，而在客户端 JavaScript 中，Global 对象就是 window 对象，表示允许 JavaScript 代码运行的 Web 浏览器窗口。浏览器将 Global 对象作为 window 对象的一部分实现了，因此，所有的全局属性和函数都是 window 对象的属性和方法。

本质上，Global（全局）对象本身是不可以直接访问的，只是一个概念，比如 global.Math.abs(1) 就是错误的。

1. Global 对象的属性

Global 对象的属性及其说明如表 8-25 所示。

表 8-25　Global 对象的属性及其说明

属性	说明	备注
Undefined	特殊值 undefined	
NaN	特殊值 NaN	
Infinity	特殊值 Infinity	
Object	构造函数 Object	
Array	构造函数 Array	
Function	构造函数 Function	
Boolean	构造函数 Boolean	
String	构造函数 String	
Number	构造函数 Number	
Date	构造函数 Date	
RegExp	构造函数 RegExp	
Error	构造函数 Error	
EvalError	构造函数 EvalError	
RangeError	构造函数 RangeError	
ReferenceError	构造函数 ReferenceError	
SyntaxError	构造函数 SyntaxError	

续表

属性	说明	备注
TypeError	构造函数 TypeError	
URIError	构造函数 URIError	
AggregateError	构造函数	
ArrayBuffer	构造函数	
AsyncFunction	构造函数	
Atomics	内置对象	
BigInt	内置对象	
BigInt64Array	构造函数	
BigUint64Array	构造函数	
DataView	构造函数	
Float32Array	构造函数	
Float64Array	构造函数	
Generator	生成器函数	
GeneratorFunction	构造函数	
Int16Array	构造函数	
Int32Array	构造函数	
Int8Array	构造函数	
InternalError	构造函数	
Intl	Intl 对象	
JSON	JSON 对象	
Map	构造函数	
Math	内置对象	
Promise	构造函数	
Proxy	构造函数	
Reflect	内置对象	
Set	构造函数	
SharedArrayBuffer	构造函数	
Symbol	函数	
TypedArray	内置对象	
Uint16Array	构造函数	
Uint32Array	构造函数	
Uint8Array	构造函数	

续表

属性	说明	备注
Uint8ClampedArray	构造函数	
WeakMap	构造函数	
WeakSet	构造函数	
WebAssembly	内置对象	
Java	代表 java.*包层级的一个 JavaPackage	
Packages	根 JavaPackage 对象	
null 字面量	特殊值 null	
globalThis	全局属性 globalThis 包含全局的 this 值	ES10

2. Global 对象的方法

Global 对象的方法及其说明如表 8-26 所示。

表 8-26　Global 对象的方法及其说明

方法	说明	备注
isFinite()	用于判断被传入的参数值是否为一个有限数值。 语法如下： `isFinite(testValue)` 参数：testValue 代表被检测的值	
isNaN()	用来确定一个值是否为 NaN。 语法如下： `isNaN(value)` 参数：value 代表要被检测的值	
parseFloat()	用于解析一个字符串，并返回一个浮点数。 语法如下： `parseFloat(string)` 参数：string 代表要被解析的值	
parseInt()	用于解析一个字符串并返回一个整数。 语法如下： `parseInt(string,radix);` 参数：string 代表要被解析的值；radix 为可选参数，代表按几进制解析字符串	
encodeURI()	用于将字符串编码为 URI。 语法如下： `encodeURI(URI)` 参数：URI 代表一个完整的 URI	
encodeURIComponent()	用于将字符串编码为 URI 组件。 语法如下： `encodeURIComponent(str);` 参数：str 为 String.URI 的组成部分	

方法	说明	备注
decodeURI()	用于解码某个编码的 URI。 语法如下： `decodeURI(encodedURI)` 参数：encodedURI 代表一个完整的编码过的 URI	
decodeURIComponent()	用于解码一个编码的 URI 组件。 语法如下： `decodeURIComponent(encodedURI)` 参数：encodedURI 代表编码后的部分 URI	
escape()	用于对字符串进行编码。 语法如下： `escape(str)` 参数：str 代表等待编码的字符串	
eval()	用于计算 JavaScript 字符串，并将其作为脚本代码来执行。 语法如下： `eval(string)` 参数：string 表示 JavaScript 表达式、语句或一系列语句的字符串	
getClass()	返回一个 JavaObject 的 JavaClass。 语法如下： `getClass(javaobj)` 参数：javaobj 代表一个 JavaObject 对象	
Number()	用于将对象的值转换为数字。 语法如下： `Number(object)` 参数：object 代表 JavaScript 对象	

String()	用于将对象的值转换为字符串。
	语法如下：
	`new String(s);`
	`String(s);`
	参数：s 表示存储 String 对象中或转换成原始字符串的值	

unescape()	用于对由 escape()编码的字符串进行解码。 语法如下： `unescape(str)` 参数：str 代表被编码过的字符串	已废弃
uneval()	用于创建一个代表对象的源码的字符串。 语法如下： `uneval(object)` 参数：object 代表 JavaScript 表达式或者语句	非标准

8.6.2　Math 对象

ECMAScript 还为保存数学公式和信息提供了一个公共位置，即 Math 对象。与我们在 JavaScript 直接编写的计算功能相比，Math 对象提供的计算速度执行起来要快得多。Math 对象中还提供了辅助完成这些计算的属性和方法。

1. Math 对象的属性

Math 对象的属性及其说明如表 8-27 所示。

表 8-27　Math 对象的属性及其说明

属性	说明
Math.E	返回算术常量 e，即自然对数的底数（约等于 2.718）
Math.LN2	返回 2 的自然对数（约等于 0.693）
Math.LN10	返回 10 的自然对数（约等于 2.303）
Math.LOG2E	返回以 2 为底的 e 的对数（约等于 1.443）
Math.LOG10E	返回以 10 为底的 e 的对数（约等于 0.434）
Math.PI	返回圆周率（约等于 3.14159）
Math.SQRT1_2	返回 2 的平方根的倒数（约等于 0.707）
Math.SQRT2	返回 2 的平方根（约等于 1.414）

2. Math 对象的方法

Math 对象的方法及其说明如表 8-28 所示。

表 8-28　Math 对象的方法及其说明

方法	解释	备注
Math.abs(x)	返回数的绝对值。 语法如下： `Math.abs(x);` 参数：x 代表一个数值	
Math.acos(x)	返回数的反余弦值。 语法如下： `Math.acos(x)` 参数：x 代表一个数值	
Math.asin(x)	返回数的反正弦值。 语法如下： `Math.asin(x)` 参数：x 代表一个数值	
Math.atan(x)	以介于 $-PI/2$ 与 $PI/2$ 弧度之间的数值来返回 x 的反正切值。 语法如下： `Math.atan(x)` 参数：x 代表一个数值	

续表

方法	解释	备注
Math.atan2(y,x)	返回从 x 轴到点(x,y)的角度（介于 −PI/2 与 PI/2 弧度之间）。 语法如下： `Math.atan2(y,x)` 参数：y、x 代表数值	
Math.ceil(x)	对数进行上入。 语法如下： `Math.ceil(x)` 参数：x 代表一个数值	
Math.cos(x)	返回数的余弦。 语法如下： `Math.cos(x)` 参数：x 代表一个数值	
Math.exp(x)	返回 e 的指数。 语法如下： `Math.exp(x)` 参数：x 代表一个数值	
Math.floor(x)	对数进行下舍。 语法如下： `Math.floor(x)` 参数：x 代表一个数值	
Math.log(x)	返回数的自然对数（底为 e）。 语法如下： `Math.log(x)` 参数：x 代表一个数值	
Math.max(x,y)	返回 x 和 y 中的最高值。 语法如下： `Math.max(value1[,value2,...])` 参数：value1,value2,…代表一组数值	
Math.min(x,y)	返回 x 和 y 中的最低值。 语法如下： `Math.min([value1[,value2,...]])` 参数：value1,value2,…代表一组数值	
Math.pow(x,y)	返回 x 的 y 次幂。 语法如下： `Math.pow(base,exponent)` 参数：base 代表基数；exponent 代表指数	
Math.random()	返回 0~1 的随机数。 语法如下： `Math.random()`	

续表

方法	解释	备注
Math.round(x)	将数四舍五入为最接近的整数。 语法如下： `Math.round(x)` 参数：x 代表一个数值	
Math.sin(x)	返回数的正弦。 语法如下： `Math.sin(x)` 参数：x 代表一个数值	
Math.sqrt(x)	返回数的平方根。 语法如下： `Math.sqrt(x)` 参数：x 代表一个数值	
Math.tan(x)	返回角的正切。 语法如下： `Math.tan(x)` 参数：x 代表一个数值	
Math.toSource()	返回该对象的源代码	
Math.valueOf()	返回对象的原始值	
Math.acosh(x)	返回 x 的反双曲余弦。 语法如下： `Math.acosh(x)` 参数：x 代表一个数值	ES6
Math.asinh(x)	返回 x 的反双曲正弦。 语法如下： `Math.asinh(x)` 参数：x 代表一个数值	ES6
Math.atanh(x)	返回 x 的反双曲正切。 语法如下： `Math.atanh(x)` 参数：x 代表一个数值	ES6
Math.cbrt(x)	用于计算一个数的立方根。 语法如下： `Math.cbrt(x)` 参数：x 代表一个数值	ES6
Math.clz32()	用于将参数转换为 32 位无符号整数的形式，然后返回这个 32 位值里有多少个前导 0。 语法如下： `Math.clz32(x)` 参数：x 代表一个数值	ES6

方法	解释	备注
Math.cosh()	返回 x 的双曲余弦。 语法如下： `Math.cosh(x)` 参数：x 代表一个数值	ES6
Math.expm1()	返回 e^x-1，即 Math.exp(x)-1。 语法如下： `Math.expm1(x)` 参数：x 代表一个数值	ES6
Math.fround()	返回一个数的 32 位单精度浮点数形式。 语法如下： `Math.fround(doubleFloat)` 参数：doubleFloat 为一个 Number。若参数为非数字类型，则会被转换成数字。无法转换时，设置成 NaN	ES6
Math.hypot()	返回所有参数的平方和的平方根。 语法如下： `Math.hypot([value1[,value2,...]])` 参数：value1,value2,...代表任意一个数字	ES6
Math.imul()	返回两个以 32 位带符号整数形式相乘的结果的数，也就是返回的是一个 32 位的带符号整数。 语法如下： `var product = Math.imul(a,b)` 参数：a 代表被乘数；b 代表乘数	ES6
Math.log10()	返回以 10 为底的 x 的对数。如果 x 小于 0，则返回 NaN。 语法如下： `Math.log10(x)` 参数：x 代表一个数值	ES6
Math.log1p()	返回 1+x 的自然对数，即 Math.log(1+x)。如果 x 小于-1，则返回 NaN。 语法如下： `Math.log1p(x)` 参数：x 代表一个数值	ES6
Math.log2()	返回以 2 为底的 x 的对数。如果 x 小于 0，则返回 NaN。 语法如下： `Math.log2(x)` 参数：x 代表一个数值	ES6
Math.sign()	用来判断一个数到底是正数、负数还是零。对于非数值，会先将其转换为数值。 语法如下： `Math.sign(x);` 参数：x 代表一个数值	ES6

方法	解释	备注
Math.sinh()	返回 x 的双曲正弦。 语法如下： `Math.sinh(x)` 参数：x 代表一个数值	ES6
Math.tanh()	返回 x 的双曲正切。 语法如下： `Math.tanh(x)` 参数：x 代表一个数值	ES6
Math.trunc()	用于去除一个数的小数部分，返回整数部分。 语法如下： `Math.trunc(value)` 参数：value 代表一个数值	ES6
Math.signbit()	用于判断是否设置一个数的符号位。 语法如下： `Math.signbit(value)` 参数：value 代表一个数值	ES6 提案

8.7 基本包装类型

8.7.1 Boolean 类型

Boolean 类型是与布尔值对应的引用类型。要创建 Boolean 对象，可以像下面这样调用 Boolean 构造函数并传入 true 或 false 值来创建。

```
var booleanObject = new Boolean(true);
```

1. Boolean 的属性

Boolean 的属性及其说明如表 8-29 所示。

表 8-29 Boolean 的属性及其说明

属性	说明
Boolean.prototype.constructor	返回对创建此对象的 Boolean 函数的引用

2. Boolean 的方法

Boolean 的方法及其说明如表 8-30 所示。

表 8-30　Boolean 的方法表及其说明

方法	说明	备注
Boolean.prototype.toString()	将布尔值转换为字符串，并返回结果。 语法如下： `bool.toString()`	
Boolean.prototype.valueOf()	返回 Boolean 对象的原始值。 语法如下： `bool.valueOf()`	

Boolean.prototype.toSource()	toSource()方法返回一个表示对象的源码的字符串。
	语法如下：
	`booleanObj.toSource()`
	`Boolean.toSource()`
		非标准

8.7.2　Number 类型

Number 是与数字值对应的引用类型。要创建 Number 对象，可以通过调用 Number 构造函数并向其中传递相应的数值的方式创建，代码如下：

```
var numberObject = new Number(10);
```

1. Number 的属性

Number 的属性及其说明如表 8-31 所示。

表 8-31　Number 的属性及其说明

属性	说明	备注
Number.MAX_VALUE	1.7976931348623157e+308，可表示的最大数	
Number.MIN_VALUE	5e−324，可表示的最小数	
Number.NaN	表示"非数字"（Not-A-Number），与 NaN 相同	
Number.NEGATIVE_INFINITY	表示负无穷大	
Number.POSITIVE_INFINITY	表示正无穷大	
Number.prototype	表示 Number 构造函数的原型	
Number.EPSILON	表示 1 与 Number 的大于 1 的最小浮点数之间的差值	ES6
Number.MAX_SAFE_INTEGER	表示在 JavaScript 中最大的安全整数（$2^{53}-1$）	ES6
Number.MIN_SAFE_INTEGER	表示在 JavaScript 中最小的安全的 int 型数字($-(2^{53}-1)$)	ES6

2. Number 的方法

Number 的方法及其说明如表 8-32 所示。

表 8-32　Number 的方法及其说明

方法	说明	备注
Number.prototype.toFixed()	可把 Number 四舍五入为指定小数位数的数字。 语法如下： `numObj.toFixed(x)` 参数：x 规定小数的位数，为介于 0~20（包括 0 和 20）的数字。实现环境可能支持更大范围。如果忽略该参数，则默认为 0	
Number.prototype.toExponential()	将对象的值转换为指数计数法。 语法如下： `numObj.toExponential(x)` 参数：x 为可选参数，用来指定小数点后有几位数字。默认情况下，用尽可能多的位数来显示数字	
Number.prototype.toPrecision()	将数字格式化为指定的长度。 语法如下： `numObj.toPrecision(x)` 参数：x 为可选参数，用来指定有效个数的整数	
Number.prototype.toString()	使用 x 为基数，将数字转换为字符串。 语法如下： `numObj.toString(radix)` 参数：radix 为可选参数，指定用于从数字到字符串转换的基数（从 2 到 36）。默认值为 10	
Number.prototype.valueOf()	返回一个 Number 对象的基本数字值。 语法如下： `numObj.valueOf()`	
Number.prototype.toLocaleString()	将数组转换为本地字符串。 语法如下： `numObj.toLocaleString()`	
Number.parseInt()	Number.parseInt()方法依据指定基数将字符串解析成整数。 语法如下： `Number.parseInt(string[,radix])` 参数：string 代表解析的值，如果此参数不是字符串，则使用 toString 抽象操作将其转换为一个参数，此参数中的前导空格将被忽略；radix 代表解析基数，即二进制、八进制、十进制等	ES6
Number.parseFloat()	可以将字符串解析成浮点数。该方法与全局的 parseFloat() 函数相同。 语法如下： `Number.parseFloat(string)` 参数：string 为被解析的字符串	ES6

续表

方法	说明	备注
Number.isFinite()	用来检测传入的参数是否是一个有穷数（finite number）并返回对应的布尔值。 语法如下： `Number.isFinite(value)` 参数：value 为被检测的值	ES6
Number.isSafeInteger()	判断传入的参数值是否是一个"安全整数"（safe integer）并返回对应的布尔值。 语法如下： `Number.isSafeInteger(testValue)` 参数：testValue 为被检测的值	ES6
Number.isNaN()	用于判断传递的值是否为 NaN 并返回对应的布尔值，是原来的全局 isNaN() 的更稳妥的版本。 语法如下： `Number.isNaN(value)` 参数：value 为被检测的值	ES6
Number.isInteger()	用来判断给定的参数是否为整数。 语法如下： `Number.isInteger(value)` 参数：value 为被检测的值	ES6

Number.prototype.toSource()	返回该对象源码的字符串表示。
	语法如下：
	`numObj.toSource();`
	`Number.toSource();`
		非标准

Number.toInteger()	用来将参数转换成整数。 语法如下： `Number.toInteger(number)` 参数：number 代表将被转换的数值	已废弃

8.7.3　String 类型

String 类型是字符串的对象包装类型，可以使用 String 构造函数来创建，代码如下：

```
var stringObject = new String("hello world");
```

1. String 构造函数方法

String 构造函数的方法及其描述如表 8-33 所示。

表 8-33　String 构造函数的方法及其描述

方法名	描述	备注
String.fromCharCode()	返回由指定的 UTF-16 代码单元序列创建的字符串。 语法如下： `String.fromCharCode(n1,n2,...,nX)` 参数：n1,n2,...,nX 代表一系列 UTF-16 代码单元的数字	
String.fromCodePoint()	返回使用指定的代码点序列创建的字符串。 语法如下： `String.fromCodePoint(n1,n2,...,nX)` 参数:n1,n2,...,nX 代表一串 Unicode 编码位置，即"代码点"	ES6

String.raw()	是一个模板字符串的标签函数，用来获取一个模板字符串的原始字符串。
	语法如下：
	`String.raw(callSite,...substitutions)`
	`String.raw`templateString``
	参数:callSite 代表一个模板字符串的"调用点对象"；...substitutions 为任意一个可选的参数，表示任意一个内插表达式对应的值；templateString 为模板字符串
		ES6

下面对 String.fromCharCode()、String.fromCodePoint()和 String.raw()进行说明。

关于 String.fromCharCode()方法的使用，代码如下：

```
console.log(String.fromCharCode(65,66,67));          //输出：ABC
console.log(String.fromCharCode(0x2016));            //输出：‖
console.log(String.fromCharCode(0x12016));           //输出：‖
```

关于 String.fromCodePoint()方法的使用，代码如下：

```
console.log(String.fromCodePoint(41));               //输出：)
console.log(String.fromCodePoint(65,88));            //输出：AX
console.log(String.fromCodePoint(0x404));            //输出：Є
console.log(String.fromCodePoint(0x2F04));           //输出：乙
console.log(String.fromCodePoint(194564));           //输出：你
console.log(String.fromCodePoint(0x1D406,0x61,0x1D507)); //输出：𝐆a𝔇
```

关于 String.raw()方法的使用，代码如下：

```
console.log(String.raw`Hello\n${1+2+3}!`);           //输出：Hello\n6!
console.log(String.raw `Hello\u010A!`);              //输出：Hello\u010A!
```

2. String 对象的属性

String 对象的属性及其描述如表 8-34 所示。

表 8-34　String 对象的属性及其描述

属性名	描述
String.prototype.constructor	返回 string 对象的构造函数
String.prototype.length	返回字符串的长度
N	用于访问第 N 个位置的字符，其中 N 是大于 0 小于 length 的正整数。这些属性都是"只读"性质，不能编辑

　　字符串是一个类似数组的对象，可以通过下标访问字符串里的字符，也可以通过 length 属性返回字符串的长度，代码如下：

```
var str='hello world';
console.log(str.length);                      //输出：11
console.log(str[0]);                          //输出：h
console.log(str[4]);                          //输出：o
console.log(str[5]);                          //输出：
console.log(str[6]);                          //输出：w
```

3. String 对象的方法

（1）String 对象的字符方法。

String 对象的字符方法如表 8-35 所示。

表 8-35　String 对象的字符方法及其描述

方法名	描述	备注
String.prototype.charAt()	返回指定位置的字符。 语法如下： `str.charAt(index)` 参数：index 代表一个介于 0 和字符串长度减 1 之间的整数。(0~length−1) 如果没有提供下标索引，则 charAt() 将为 0	
String.prototype.charCodeAt()	返回指定位置的字符的 Unicode 编码。charCodeAt()方法与 charAt()方法相似，只不过前者返回的是位于指定位置的字符的编码，而后者返回的是字符子串。 语法如下： `str.charCodeAt(index)` 参数：index 代表字符串的索引值，默认为 0	
String.prototype.codePointAt()	能够正确处理 4 个字节储存的字符，返回一个字符的码点。 语法如下： `str.codePointAt(pos)` 参数：pos 代表需要转码的元素的位置	ES6

　　关于 charAt()方法的使用，代码如下：

```
var str = "The world is beautiful!";
console.log(str.charAt(0));                   //输出：T
```

```
console.log(str.charAt(1));                      //输出: h
console.log(str.charAt(2));                      //输出: e
console.log(str.charAt(3));                      //输出:
console.log(str.charAt(4));                      //输出: w
console.log(str.charAt(999));                    //输出:
```

关于 charCodeAt() 方法的使用，代码如下：

```
console.log("ABCa".charCodeAt(0));               //输出: 65
console.log("ABCa".charCodeAt(1));               //输出: 66
console.log("ABCa".charCodeAt(2));               //输出: 67
console.log("ABCa".charCodeAt(3));               //输出: 97
console.log("ABCa".charCodeAt(4));               //输出: NaN
```

关于 codePointAt() 方法的使用，代码如下：

```
console.log('ABC'.codePointAt(1));               //输出: 66
console.log('\uD842\uDC24'.codePointAt(0));      //输出: 133156
console.log('ABC'.codePointAt(42));              //输出: undefined
```

（2）字符串的操作方法。

字符串的操作方法及其描述如表 8-36 所示。

表 8-36　字符串的操作方法及其描述

方法名	描述	备注
String.prototype.concat()	用于拼接两个或多个字符串。 语法如下： str.concat(string1,string2,...,stringX) 参数: string1,string2,...,stringX 代表需要拼接到 str 的字符串	
String.prototype.slice()	提取并返回提取出的字符串。 语法如下： str.slice(start,end) 参数: start 代表起始下标，如果为负数，则为从字符串尾部开始计算的位置；end 为可选参数，代表终止下标，如果为负数，则为从字符串尾部开始计算的位置，如果没有设定此参数，则提取为从起始下标到字符串末尾的字符	
String.prototype.substring()	用于提取字符串中介于两个指定下标之间的字符。 语法如下： str.substring(start,end) 参数: start 代表起始下标，如果为负值，直接默认为 0；end 为可选参数，代表终止下标，为 0 到字符串长度之间的整数，以该数字为索引的字符不包含在截取的字符串内，如果为负值，直接默认为 0	

续表

方法名	描述	备注
String.prototype.substr()	可在字符串中抽取从 start 下标开始的指定数目的字符。 语法如下： `str.substr(start,length)` 参数：start 代表起始下标，如果为负数，则为从字符串尾部开始计算的位置；length 为可选参数，代表提取的字符数	
String.prototype.repeat()	将原字符串复制 n 次并返回。 语法如下： `str.repeat(count)` 参数：count 为大于 0 的整数，表示在新构建的字符串中重复原字符串的次数	ES6
String.prototype.padStart()	用于头部补全。 语法如下： `str.padStart(targetLength,padString)` 参数：targetLength 代表需要填充到的目标长度，如果这个数值小于当前字符串的长度，则返回当前字符串本身；padString 为可选参数，代表用于填充的字符串，如果字符串太长，使填充后的字符串长度超过目标长度，则只保留最左侧的部分，其他部分会被截断，此参数的默认值为" "（U+0020）	ES6
String.prototype.padEnd()	用于尾部补全。 语法如下： `str.padEnd(targetLength,padString)` 参数：targetLength 代表需要填充到的目标长度，如果这个数值小于当前字符串的长度，则返回当前字符串本身；padString 为可选参数，代表用于填充的字符串，如果字符串太长，使填充后的字符串长度超过目标长度，则只保留最左侧的部分，其他部分会被截断，此参数的默认值为" "（U+0020）	ES6
String.prototype.trimStart()	去除字符串头部的空格或指定字符。 语法如下： `str.trimStart()`	ES6
String.prototype.trimEnd()	去除字符串尾部的空格或指定字符。 语法如下： `str.trimEnd()`	ES6
String.prototype.trimLeft()	将字符串最前面的空格修整掉。当在没有参数的情况下调用时，trimLeft 删除换行符、空格和 tab 字符。 语法如下： `str.trimLeft()`	ES7 非标准
String.prototype.trimRight()	消除从右侧起所遇到的所有空格字符。 语法如下： `str.trimRight()`	ES7 非标准
String.prototype.trim()	用于删除字符串的头尾空格。 语法如下： `str.trim()`	

关于 slice()方法的使用，代码如下：

```
var str1 = 'sunflower waiting for sunshine.',
str2 = str1.slice(1,9),
str3 = str1.slice(16,-2),
str4 = str1.slice(14),
str5 = str1.slice(32);
console.log(str2);                        //输出: unflower
console.log(str3);                        //输出: g for sunshin
console.log(str4);                        //输出: ing for sunshine.
console.log(str5);                        //输出:
```

关于 substring()方法的使用，代码如下：

```
var str6 = "Wikipidia";
console.log(str6.substring(0,3));         //输出: Wik
console.log(str6.substring(5,7));         //输出: id
console.log(str6.substring(4,4));         //输出:
console.log(str6.substring(0,5));         //输出: Wikip
console.log(str6.substring(0,7));         //输出: Wikipid
```

关于 substr()方法的使用，代码如下：

```
var str7 = "abcdefghij";
console.log(str7.substr(2,4));            //输出: cdef
console.log(str7.substr(-2,2));           //输出: ij
console.log(str7.substr(-3));             //输出: hij
console.log(str7.substr(8));              //输出: ij
console.log(str7.substr(-16,4));          //输出: abcd
console.log(str7.substr(16,4));           //输出:
```

关于 padStart()方法的使用，代码如下：

```
console.log('abc'.padStart(2));           //输出: "abc"
console.log('abc'.padStart(10,"hello"));  //输出: "helloheabc"
console.log('abc'.padStart(6,"12345678"));//输出: "123abc"
console.log('abc'.padStart(8,"0"));       //输出: "00000abc"
console.log('abc'.padStart(8));           //输出: "     abc"
```

关于 trim()方法的使用，代码如下：

```
var str8 ='  foo  ';
console.log(str8);                        //输出: '  foo  '
console.log(str8.trim());                 //输出: 'foo'
```

（3）字符串的判断方法。

字符串的判断方法及其描述如表 8-37 所示。

表 8-37　字符串的判断方法及其描述

方法名	描述	备注
String.prototype.includes()	用来检测一段字符串中是否包含指定字符串并返回对应的布尔值。 语法如下： `str.includes(searchString,position)` 参数：searchString 代表指定字符串；position 为可选参数，表示从当前字符串的哪个索引位置开始搜寻子字符串，默认值为 0	ES6
String.prototype.startsWith()	用来判断当前字符串是否以指定的子字符串开头并返回对应的布尔值。 语法如下： `str.startsWith(searchString,position)` 参数：searchString 代表指定字符串；position 为可选参数，表示从当前字符串的哪个索引位置开始搜寻子字符串，默认值为 0	ES6
String.prototype.endsWith()	用来检测字符串是否以指定字符串结尾并返回对应的布尔值。 语法如下： `str.endsWith(searchString,length)` 参数：searchString 代表指定字符串；length 为可选参数，作为 str 的长度，默认值为 str.length	ES6
String.prototype.localeCompare()	用本地特定的顺序来比较两个字符串。 语法如下： `referenceStr.localeCompare(compareString,locales,options)` 参数：compareString 代表比较的字符串；locales、options 均为可选参数，可自定义函数的行为	

关于 includes()方法的使用，代码如下：

```
var str = 'The course of true love never did run smooth.';
console.log(str.includes('The co'));        //输出：true
console.log(str.includes('smooth'));        //输出：true
console.log(str.includes('erererewr'));     //输出：false
console.log(str.includes('The co',1));      //输出：false
console.log(str.includes('THE'));           //输出：false
```

（4）String 的位置方法。

String 的位置方法及其描述如表 8-38 所示。

表 8-38　字符串的位置方法及其描述方法

方法名	描述
String.prototype.indexOf()	返回指定字符串值在字符串中首次出现的位置。 语法如下： `str.includes(searchString,position)` 参数： searchString 代表指定的字符串；position 为可选参数，代表开始搜索的索引位置，默认值为 0
String.prototype.lastIndexOf()	从后向前搜索字符串，返回指定字符串首次出现的位置。 语法如下： `str.lastIndexOf(searchValue,fromIndex)` 参数： searchValue 代表被查找的值，如果 searchValue 是空字符串，则返回 fromIndex。fromIndex 为可选参数，代表在字符串中开始检索的位置。fromIndex 的默认值是+Infinity。如果 fromIndex >= str.length，则会搜索整个字符串；如果 fromIndex < 0，则等同于 fromIndex == 0

关于 indexOf()方法的使用，代码如下：

```
console.log("strong determination".indexOf("strong"));          //输出: 0
console.log("strong determination".indexOf("abcd"));            //输出: -1
console.log("strong determination".indexOf("determination",0)); //输出: 7
console.log("strong determination".indexOf("determination",5)); //输出: 7
console.log("strong determination".indexOf("",-1));             //输出: 0
console.log("strong determination".indexOf("",8));              //输出: 8
console.log("strong determination".indexOf("",14));             //输出: 14
console.log("strong determination".indexOf("",20));             //输出: 20
```

（5）字符串的大小写转换方法。

字符串的大小写转换方法及其描述如表 8-39 所示。

表 8-39　字符串的大小写转换方法及其描述

方法名	描述
String.prototype.toLowerCase()	用于将字符串转换为小写。 语法如下： `str.toLowerCase()`
String.prototype.toUpperCase()	用于将字符串转换为大写。 语法如下： `str.toUpperCase()`
String.prototype.toLocaleLowerCase()	用于将字符串转换为小写。 语法如下： `str.toLocaleLowerCase()`
String.prototype.toLocaleUpperCase()	用于将字符串转换为大写。 语法如下： `str.toLocaleUpperCase()`

关于 toLowerCase()方法的使用，代码如下：

```
console.log("SHAKESPEARE".toLowerCase());      //输出：shakespeare
```

（6）字符串的模式匹配方法。

字符串的模式匹配方法及其描述如表 8-40 所示。

表 8-40　字符串的模式匹配方法及其描述

方法名	描述
String.prototype.match()	可在字符串内检索指定的值，或者找到一个或多个正则表达式的匹配。该方法类似 indexOf()方法和 lastIndexOf()方法，但是它返回指定的值，而不是字符串的位置。 语法如下： str.match(regexp) 参数：regexp 代表要匹配的模式的正则表达式对象。如果传入的参数不是 RegExp 对象，则会隐式地使用 new RegExp(obj) 将其转换为一个 RegExp。如果没有给出任何参数并直接使用 match()方法，则将得到一个包含空字符串的 Array：[""]

8.8　Date 类型

Date 类型使用 UTC（国际协调时间）自 1970 年 1 月 1 日午夜（零时）开始经过的毫秒数来保存日期。Date 对象用于处理日期和时间，可通过构造函数方式来创建日期对象，代码如下：

```
var now = new Date();
console.log(now);      //输出：Tue Jun 09 2020 17:23:14 GMT+0800(中国标准时间)
```

当 new Date()里没有传入任何参数，也没有通过其他方法改变日期时，默认存储当前日期和时间。如果想根据特定的日期和时间创建日期对象，则需要传入参数。

当 new Date()只传入一个参数时，系统会默认为传入的参数为毫秒数。

当 new Date()传入的参数大于一个时，系统会依次根据参数的先后顺序识别传入的参数为：年、月、日、小时、分钟、秒和毫秒。所以，new Date()最多可以传入 7 个参数。这种情况下，代表年和月的参数是必须的，其他参数可以省略。省略的参数默认为 0（如果没有指定 day 以外的参数）或 1（如果没有指定 day 参数），代码如下：

```
var today = new Date();
var birthday1 = new Date('December 18,1998 03:24:00');
var birthday2 = new Date('1998-12-18T03:24:00');
var birthday3 = new Date(1998,11,18);
var birthday4 = new Date(1998,11,18,3,24,0);
console.log(today);      //输出：Thu Jul 30 2020 14:04:55 GMT+0800(中国标准时间)
console.log(birthday1); //输出：Fri Dec 18 1998 03:24:00 GMT+0800(中国标准时间)
```

```
console.log(birthday2); //输出: Fri Dec 18 1998 03:24:00 GMT+0800(中国标准时间)
console.log(birthday3); //输出: Fri Dec 18 1998 03:24:00 GMT+0800(中国标准时间)
console.log(birthday4); //输出: Fri Dec 18 1998 03:24:00 GMT+0800(中国标准时间)
```

由于浏览器的差异和不一致性,强烈建议不要使用 Date 构造函数(与 Date.parse 是等效的)
解析日期字符串。

8.8.1　Date 对象的属性

Date 对象的属性及说明如表 8-41 所示。

表 8-41　Date 对象的属性及其说明

属性	说明
Date.prototype.constructor	返回创建了实例的构造函数,默认是 Date 构造函数

8.8.2　Date 对象的方法

Date 对象的方法及其说明如表 8-42 所示。

表 8-42　Date 对象的方法及其说明

方法	说明	备注
Date.UTC()	可根据世界标准时间返回从 1970 年 1 月 1 日 00:00:00 到指定日期的毫秒数。 语法如下: `Date.UTC(year,month,day,hours,minutes,seconds,millisec)` 参数:year 表示年份的四位数字;month 代表 0 到 11 之间的月份整数;date 代表 1 到 31 之间的日期整数;hours 代表 0 到 23 之间的小时整数;minutes 为可选参数,代表 0 到 59 之间的分钟整数;seconds 为可选参数,代表 0 到 59 之间的一个秒整数;millisec 为可选参数,代表 0 到 999 之间的一个毫秒整数	
Date.now()	可根据世界标准时间返回从 1970 年 1 月 1 日 00:00:00 至今所经过的毫秒数。 语法如下: `var timeInMs = Date.now()`	
Date.parse()	解析一个表示日期的字符串,并返回从 1970-1-1 00:00:00 到指定日期所经过的毫秒数。 语法如下: `Date.parse(dateString)` 参数:dateString 表示日期和时间的字符串	

续表

方法	说明	备注
Date.prototype.getDate()	从 Date 对象返回一个月中的某一天(1~31)。 语法如下: `dateObj.getDate()`	
Date.prototype.getDay()	从 Date 对象返回一周中的某一天(0~6)。 语法如下: `dateObj.getDay()`	
Date.prototype.getFullYear()	从 Date 对象以四位数字返回年份。 语法如下: `dateObj.getFullYear()`	
Date.prototype.getHours()	返回 Date 对象的小时(0~23)。 语法如下: `dateObj.getHours()`	
Date.prototype.getMilliseconds()	返回 Date 对象的毫秒数(0~999)。 语法如下: `dateObj.getMilliseconds()`	
Date.prototype.getMinutes()	返回 Date 对象的分钟(0~59)。 语法如下: `dateObj.getMinutes()`	
Date.prototype.getMonth()	从 Date 对象返回月份(0~11)。 语法如下: `dateObj.getMonth()`	
Date.prototype.getSeconds()	返回 Date 对象的秒数(0~59)。 语法如下: `dateObj.getSeconds()`	
Date.prototype.getTime()	返回从 1970 年 1 月 1 日至今的毫秒数。 语法如下: `dateObj.getTime()`	
Date.prototype.getTimezoneOffset()	返回本地时间与格林尼治标准时间(GMT)的分钟差。 语法如下: `dateObj.getTimezoneOffset()`	
Date.prototype.getUTCDate()	根据世界标准时间从 Date 对象返回月中的一天(1~31)。 语法如下: `dateObj.getUTCDate()`	
Date.prototype.getUTCDay()	根据世界标准时间从 Date 对象返回周中的一天(0~6)。 语法如下: `dateObj.getUTCDay()`	
Date.prototype.getUTCFullYear()	根据世界标准时间从 Date 对象返回四位数的年份。 语法如下: `dateObj.getUTCFullYear()`	

续表

方法	说明	备注
Date.prototype.getUTCHours()	根据世界标准时间返回 Date 对象的小时（0~23）。 语法如下： `dateObj.getUTCHours()`	
Date.prototype.getUTCMilliseconds()	根据世界标准时间返回 Date 对象的毫秒数（0~999）。 语法如下： `dateObj.getUTCMilliseconds()`	
Date.prototype.getUTCMinutes()	根据世界标准时间返回 Date 对象的分钟（0~59）。 语法如下： `dateObj.getUTCMinutes()`	
Date.prototype.getUTCMonth()	根据世界标准时间从 Date 对象返回月份（0~11）。 语法如下： `dateObj.getUTCMonth()`	
Date.prototype.getUTCSeconds()	根据世界标准时间返回 Date 对象的秒钟（0~59）。 语法如下： `dateObj.getUTCSeconds()`	
Date.prototype.getYear()	请使用 getFullYear()方法代替。 语法如下： `dateObj.getYear()`	已废弃
Date.prototype.setDate()	设置 Date 对象中月的某一天（1~31）。 语法如下： `dateObj.setDate(dayValue)` 参数：dayValue 表示该月的第几天	
Date.prototype.setFullYear()	设置 Date 对象中的年份（四位数字）。 语法如下： `dateObj.setFullYear(year,month,day)` 参数：year 代表用本地时间表示年份的四位整数；month 为可选参数，代表用本地时间表示月份的数值，介于 0 到 11 之间；day 为可选参数，代表用本地时间表示某月中某一天的数值，介于 1 到 31 之间	
Date.prototype.setHours()	设置 Date 对象中的小时（0~23）。 语法如下： `dateObj.setHours(hour,min,sec,millisec)` 参数：hour 代表用本地时间表示小时的数值，介于 0（午夜）到 23（晚上 11 点）之间。min 为可选参数，表示分钟的数值，介于 0 到 59 之间。在 EMCAScript 标准化之前，不支持该参数。sec 为可选参数，表示秒的数值，介于 0 到 59 之间。在 EMCAScript 标准化之前，不支持该参数。millisec 为可选参数，表示毫秒的数值，介于 0 到 999 之间。在 EMCAScript 标准化之前，不支持该参数	

续表

方法	说明	备注
Date.prototype.setMilliseconds()	设置 Date 对象中的毫秒（0~999）。 语法如下： `dateObj.setMilliseconds(millisecondsValue)` 参数：millisecondsValue 代表一个从 0 到 999 的数字，表示毫秒数	
Date.prototype.setMinutes()	设置 Date 对象中的分钟（0~59）。 语法如下： `dateObj.setMinutes(min,sec,millisec)` 参数：min 代表用本地时间表示的分钟的数值，介于 0 到 59 的整数。sec 为可选参数，代表秒的数值，介于 0 到 59 之间。在 EMCAScript 标准化之前，不支持该参数。millisec 为可选参数，代表毫秒的数值，介于 0 到 999 之间。在 EMCAScript 标准化之前，不支持该参数	
Date.prototype.setMonth()	设置 Date 对象中的月份（0~11）。 语法如下： `setMonth(month,day)` 参数：month 代表月份的数值，该值介于 0（一月）到 11（十二月）之间。day 为可选参数，表示月的某一天的数值，该值介于 1 到 31 之间（以本地时间计）	
Date.prototype.setSeconds()	设置 Date 对象中的秒钟（0~59）。 语法如下： `dateObj.setSeconds(sec,millisec)` 参数：sec 代表秒的数值，该值是介于 0 到 59 之间的整数。millisec 为可选参数，表示毫秒的数值，介于 0 到 999 之间。在 EMCAScript 标准化之前，不支持该参数	
Date.prototype.setTime()	setTime()方法以毫秒设置 Date 对象。 语法如下： `dateObj.setTime(timeValue)` 参数：timeValue 表示从 1970-1-1 00:00:00 UTC 开始计时的毫秒数	
Date.prototype.setUTCDate()	根据世界标准时间设置 Date 对象的月份中的一天（1~31）。 语法如下： `dateObj.setUTCDate(dayValue)` 参数：dayValue 表示一个从 1 到 31 之间的用来指定日期的数字	

续表

方法	说明	备注
Date.prototype.setUTCFullYear()	根据世界标准时间设置 Date 对象中的年份（四位数字）。 语法如下： `dateObj.setUTCFullYear(year,month,day)` 参数：year 代表指定年份的整数值。month 为可选参数，用来指定一个从 0 到 11 之间的整数值，代表从一月到十二月。day 为可选参数，用来指定一个从 1 到 31 之间的整数值，代表月份中的第几天。如果你指定了 day 参数，那么必须指定 month 参数	
Date.prototype.setUTCHours()	根据世界标准时间设置 Date 对象中的小时（0~23）。 语法如下： `dateObj.setUTCHours(hour,min,sec,millisec)` 参数：hours 表示小时的整数，介于 0 到 23 之间。min 为可选参数，表示分钟的整数，从 0 到 59 之间取值。sec 为可选参数，表示秒数的整数，介于 0 到 59 之间。如果指定了该参数，就要同时指定 min 这个参数。millisec 为可选参数，表示毫秒的整数，介于 0 到 999 之间。如果指定了该参数，就要指定 min 和 sec 这两个参数	
Date.prototype.setUTCMilliseconds()	根据世界标准时间设置 Date 对象中的毫秒数（0~999）。 语法如下： `dateObj.setUTCMilliseconds(millisecondsValue)` 参数：millisecondsValue 为 0 到 999 之间的数值，代表毫秒数	
Date.prototype.setUTCMinutes()	根据世界标准时间设置 Date 对象中的分钟（0~59）。 语法如下： `dateObj.setUTCMinutes(min,sec,millisec)` 参数：min 表示要设置的分钟数，为介于 0 到 59 之间的整数；sec 为可选参数，表示要设置的秒数，为介于 0 到 59 之间的整数，如果传入了这个参数，那么必须传入上一个参数 min；millisec 为可选参数，表示要设置的毫秒数，为介于 0 到 999 之间的数字，如果你传入了这个参数，那么必须传入前面两个参数 min 和 sec	
Date.prototype.setUTCMonth()	根据世界标准时间设置 Date 对象中的月份（0~11）。 语法如下： `dateObj.setUTCMonth(month,day)` 参数：month 为 0 到 11 之间的整数，代表从 1 月到 12 月；day 为可选参数，介于为从 1 到 31 之间的整数，代表一个月的天数	

方法	说明	备注
Date.prototype.setUTCSeconds()	setUTCSeconds()方法用于根据世界标准时间（UTC）设置指定时间的秒字段。 语法如下： `dateObj.setUTCSeconds(sec,millisec)` 参数：sec 为介于 0 到 59 之间的整数，表示秒数；millisec 为可选参数，为 0 到 999 之间的数字，代表毫秒数	
Date.prototype.setYear()	请使用 setFullYear()方法代替。 语法如下： `dateObj.setYear(yearValue)` 参数：yearValue 表示一个整数	已废弃
Date.prototype.toDateString()	将 Date 对象的日期部分转换为字符串。 语法如下： `dateObj.toDateString()`	
Date.prototype.toGMTString()	请使用 toUTCString()方法代替。 语法如下： `dateObj.toGMTString()`	已废弃
Date.prototype.toISOString()	使用 ISO 标准返回字符串的日期格式。 语法如下： `dateObj.toISOString()`	
Date.prototype.toJSON()	以 JSON 数据格式返回日期字符串。 语法如下： `dateObj.toJSON()`	
Date.prototype.toLocaleDateString()	根据本地时间格式将 Date 对象的日期部分转换为字符串。 语法如下： `dateObj.toLocaleDateString()`	
Date.prototype.toLocaleFormat()	使用格式字符串将日期转换为字符串。 语法如下： `dateObj.toLocaleFormat(formatString)` 参数：formatString 代表格式字符串	非标准
Date.prototype.toLocaleString()	根据本地时间格式将 Date 对象转换为字符串。 语法如下： `dateObj.toLocaleString()`	

方法	说明	备注
Date.prototype.toLocaleTimeString()	根据本地时间格式将 Date 对象的时间部分转换为字符串。 语法如下： `dateObj.toLocaleTimeString()`	

Date.prototype.toSource()	返回一个与 Date 等价的原始字符串对象，你可以使用这个值去生成一个新的对象。
	语法如下：
	`dateObj.toSource()`
	`Date.toSource()`
		非标准

Date.prototype.toString()	将 Date 对象转换为字符串。 语法如下： `dateObj.toString()`	
Date.prototype.toTimeString()	将 Date 对象的时间部分转换为字符串。 语法如下： `dateObj.toTimeString()`	
Date.prototype.toUTCString()	根据世界时将 Date 对象转换为字符串。 语法如下： `dateObj.toUTCString()`	
Date.prototype.valueOf()	返回 Date 对象的原始值。 语法如下： `dateObj.valueOf()`	
Date.prototype[@@toPrimitive]	可以转换一个 Date 对象到一个原始值。 语法如下： `Date()[Symbol.toPrimitive](hint);`	ES6

8.9 RegExp 类型

正则表达式是用于对字符串模式匹配及检索替换的强大工具。ECMAScript 通过 RegExp 类型来支持正则表达式，创建正则表达式有两种常用方法，一种是通过构造函数方法创建正则表达式，语法如下：

```
var patt=new RegExp(pattern,modifiers);
```

另一种是通过字面量方法创建正则表达式，语法如下：

```
var patt=/pattern/modifiers;
```

其中：pattern（模式）用于描述表达式的模式，它可以是任何简单或复杂的正则表达式，可以包含字符类、限定符、分组、向前查找以及反向引用。modifiers（修饰符）用于指定全局匹配、区分大小写的匹配和多行匹配等，代码如下：

```
var re = new RegExp("\\s+");
var re = /\s+/;
```

以上是我们常用的两种创建正则表达式的方法，其中通过构造函数创建正则表达式还可以细分出三种创建方法。

第一种，参数是字符串，这时，第二个参数表示正则表达式的修饰符，即我们上面提到的构造函数创建方法。

第二种，参数是一个正则表示式，且参数是唯一的，这时会返回一个原有正则表达式的拷贝，代码如下：

```
var re = new RegExp(/abc/i);
```

以上代码等价于

```
Var re = /abc/i;
```

第三种是 ES6 新增的内容，与上面第二种情况类似，只是它允许使用第二个参数指定修饰符。而且，返回的正则表达式会忽略原有的正则表达式的修饰符，只使用新指定的修饰符，代码如下：

```
new RegExp(/abc/ig,'i').flags
//"i"
```

每个正则表达式都可带有一个或多个修饰符，用以标明正则表达式的行为。正则表达式的匹配模式支持 6 个修饰符，如表 8-43 所示。

表 8-43 正则表达式的修饰符

修饰符	说明
g	表示全局（global）模式，执行对大小写不敏感的匹配
i	表示不区分大小写（case-insensitive）模式，执行全局匹配（查找所有匹配而非在找到第一个匹配后停止）
m	表示多行（multiline）模式，执行多行匹配
s	允许.匹配换行符（ES6 新增）
u	使用 unicode 码的模式进行匹配（ES6 新增）
y	执行黏性（sticky）搜索，匹配从目标字符串的当前位置开始（ES6 新增）

关于正则表达式的修饰符的使用，代码如下：

```
/*
*匹配字符串中所有"abc"的实例
*/
var pattern1 = /abc/g;
/*
*匹配第一个"acd"或"bcd"，不区分大小写
```

```
*/
var pattern2 = /[ab]cd/i;
/*
*匹配所有以"at"结尾的 3 个字符的组合，不区分大小写
*/
var pattern3 = /.at/gi;
```

与其他语言中的正则表达式类似，模式中使用的所有元字符都必须转义。正则表达式中的

元字符包括：

```
([ { \ ^ $ | ) ? * + .]}
```

关于正则表达式中的元字符的使用，代码如下：

```
/*
*匹配第一个"acd"或"bcd"，不区分大小写
*/
var pattern1 = /[ab]cd/i;
/*
*匹配第一个"[ab]cd"，不区分大小写
*/
var pattern2 = /\[ab\]cd/i;
/*
*匹配所有以"abc"结尾的 3 个字符的组合，不区分大小写
*/
var pattern3 = /.abc/gi;
/*
*匹配所有".abc"，不区分大小写
*/
var pattern4 = /\.abc/gi;
```

8.9.1　RegExp 实例的属性

RegExp 实例的属性及其说明如表 8-44 所示。

表 8-44　RegExp 实例的属性及其说明

属性名	说明	备注
RegExp.prototype.flags	返回一个字符串，由当前正则表达式对象的标志组成	ES6
RegExp.prototype.dotAll	返回布尔值，表示是否设置了 s 修饰符	ES9
RegExp.prototype.global	返回布尔值，表示是否设置了 g 标志	
RegExp.prototype.ignoreCase	返回布尔值，表示是否设置了 i 标志	
RegExp.prototype.multiline	返回布尔值，表示是否设置了 m 标志	
RegExp.prototype.source	正则表达式的字符串表示，按照字面量形式而非传入构造函数中的字符串模式返回	
RegExp.prototype.sticky	返回布尔值，表示是否设置了 y 修饰符	ES6

续表

属性名	说明	备注
RegExp.prototype.unicode	返回布尔值，表示是否设置了 u 修饰符	ES6
RegExp.prototype.constructor	返回一个函数，该函数是一个创建 RegExp 对象的原型	
RegExp.lastIndex	用来指定下一次匹配的起始索引	
get RegExp[@@species]	访问器属性返回 RegExp 的构造器	

下面对 RegExp.prototype.flags、RegExp.prototype.sticky 和 RegExp.prototype.unicode 进行说明，以了解 RegExp 的相关属性。

关于 RegExp.prototype.flags 属性的使用，代码如下：

```
console.log(/foo/igy.flags);                    //输出: giy
console.log(/bar/imyu.flags);                   //输出: imuy
```

关于 RegExp.prototype.sticky 属性的使用，代码如下：

```
const str = 'hello world!';
const re = new RegExp('hell','y');
re.lastIndex = 6;
console.log(re.sticky);                         //输出: true
console.log(re.test(str));                      //输出: false
console.log(re.test(str));                      //输出: true
```

关于 RegExp.prototype.unicode 属性的使用，代码如下：

```
var re1 = new RegExp('\u{61}','u');
console.log(re1.unicode);                       //输出: true
```

8.9.2 RegExp 实例的方法

RegExp 实例的方法及其说明如表 8-45 所示。

表 8-45 RegExp 实例的方法及其说明

方法名	说明	备注
RegExp.prototype.compile()	编译正则表达式。 语法如下： regexObj.compile(pattern,flags) 参数：pattern 为正则表达式；flags 为规定匹配的类型	已废弃
RegExp.prototype.exec()	检索字符串中指定的值，如果有匹配的值，则返回该匹配值，否则返回 null。 语法如下： regexObj.exec(str) 参数：str 代表要检索的字符串	

续表

方法名	说明	备注
RegExp.prototype.test()	执行一个检索，用来查看正则表达式与指定的字符串是否匹配并返回对应的布尔值。 语法如下： `regexObj.test(str)` 参数：str 代表要检索的字符串	
RegExp.prototype[@@match]()	使用正则表达式匹配字符串时，返回匹配结果。 语法如下： `regexp[Symbol.match](str)` 参数：str 代表被匹配的字符串	ES6
RegExp.prototype[@@matchAll]()	返回对字符串使用正则表达式的所有匹配项。 语法如下： `regexp[Symbol.matchAll](str)` 参数：str 代表字符串	

RegExp.prototype[@@replace]()	会在一个字符串中使用给定的替换器替换所有符合正则模式的匹配项，并返回替换后的新字符串结果。
	语法如下：
	`regexp[Symbol.replace](str,newSubStr|`
	`function)`
	参数：str 代表正则替换的目标字符串；newSubStr 代表 String 的替换器；function 代表生成新的子字符串的回调函数替换器
		ES6

RegExp.prototype[@@search]()	检索与正则表达式相匹配的值。 语法如下： `regexp[Symbol.search](str)` 参数：str 代表搜索的目标字符串。	ES6
RegExp.prototype[@@split]()	分割 String 对象为一个数组。 语法如下： `regexp[Symbol.split](str[,limit])` 参数：str 代表被切割的字符串；limit 为可选参数，代表为了限制切割数量的特定整数	ES6
RegExp.prototype.toString()	用于将正则表达式转化为字符串并返回。 语法如下： `regexObj.toString()`	
RegExp.prototype.toSource()	返回一个字符串，代表当前对象的源代码。 语法如下： `regexObj.toSource()`	

下面对 RegExp.prototype.exec()方法和 RegExp.prototype.test()方法进行说明。

关于 RegExp.prototype.exec()方法的使用，代码如下：

```
var text = "bat,cat,gat,hat";
var pattern1 = /.at/;
var re = pattern1.exec(text);
console.log(re);                          //输出：
["bat",index:0,input:"bat,cat,gat,hat",groups:undefined]
```

```
console.log(re.index);                              //输出：0
console.log(re[0]);                                 //输出：bat
console.log(pattern1.lastIndex);                    //输出：0
re = pattern1.exec(text);
console.log(re);        //输出：
["bat",index:0,input:"bat,cat,gat,hat",groups:undefined]
console.log(re.index);                              //输出：0
console.log(re[0]);                                 //输出：bat
console.log(pattern1.lastIndex);                    //输出：0
var pattern2 = /.at/g;
var re = pattern2.exec(text);
console.log(re);        //输出：
["bat",index:0,input:"bat,cat,gat,hat",groups:undefined]
console.log(re.index);                              //输出：0
console.log(re[0]);                                 //输出：bat
console.log(pattern2.lastIndex);                    //输出：3
matches = pattern2.exec(text);
console.log(re);        //输出：
["bat",index:0,input:"bat,cat,gat,hat",groups:undefined]
console.log(re.index);                              //输出：0
console.log(re[0]);                                 //输出：bat
console.log(pattern2.lastIndex);                    //输出：8
```

关于 RegExp.prototype.test()方法的使用，代码如下：

```
var patt1=new RegExp("f");
console.log(patt1.test("I want the whole world is beautiful!"));//输出：true
```

8.9.3　RegExp 构造函数的属性

RegExp 构造函数的属性及其描述如表 8-46 所示。

表 8-46　RegExp 构造函数的属性及其描述

长属性名	短属性名	描述	备注
input	$_	最近一次要匹配的字符串。Opera 未实现此属性	非标准
lastMatch	$&	最近一次的匹配项。Opera 未实现此属性	非标准
lastParen	$+	最近一次匹配的捕获组。Opera 未实现此属性	非标准
leftContext	$`	input 字符串中 lastMatch 之前的文本	非标准
multiline	$*	布尔值，表示是否所有的表达式都使用多行模式。IE 和 Opera 未实现此属性	非标准
rightContext	$'	input 字符串中 lastMatch 之后的文本	非标准
RegExp.$1~$9		非标准$1、$2、$3、$4、$5、$6、$7、$8、$9 属性包含括号子串匹配的正则表达式的静态和只读属性	非标准

8.10 Function 类型

8.10.1 Function 类型的属性

Function 类型的属性及其描述如表 8-47 所示。

表 8-47 Function 类型的属性及其描述

属性名	描述	备注
Function.arguments	代表传入函数的实参，它是一个类数组对象	已废弃
Function.arity	返回一个函数的形参数量	已废弃
Function.caller	返回调用指定函数的函数	非标准
Function.length	用 length 属性指明函数的形参个数	
Function.displayName	获取函数的显示名称	非标准
Function.prototype.constructor	声明函数的原型构造方法	
Function.name	返回函数实例的名称。ES6 将这个属性写入标准，具体可阅读函数的扩展章节	ES6 修改

8.10.2 Function 类型的方法

Function 类型的方法及其描述如表 8-48 所示。

表 8-48 Function 类型的方法及其描述

方法	描述	备注
Function.prototype.apply()	在特定的作用域中调用函数，实际上等于设置函数体内 this 对象的值。 语法如下： `func.apply(thisArg,[argsArray])` 参数：thisArg 为指定在 func 函数运行时使用的 this 值。argsArray 为可选参数，代表一个数组或者类数组对象，其中的数组元素将作为单独的参数传给 func 函数。如果该参数的值为 null 或 undefined，则表示不需要传入任何参数	
Function.prototype.bind()	创建一个新的函数，当 bind()被调用时，这个新函数的 this 被指定为 bind()的第一个参数，而其余参数将作为新函数的参数供调用时使用。 语法如下： `function.bind(thisArg[,arg1[,arg2[,...]]])` 参数：thisArg 代表 bind 被调用时新函数的 this 被指定的值；arg1,arg2,...代表当 bind()被调用时传入新函数的参数	

续表

方法	描述	备注
Function.prototype.call()	在特定的作用域中调用函数，实际上等于设置函数体内 this 对象的值。 语法如下： `function.call(thisArg,arg1,arg2,...)` 参数：thisArg 为可选参数，代表在 function 函数运行时使用的 this 值；arg1,arg2,...代表指定的参数列表	
Function.prototype.toSource()	返回函数的源代码的字符串表示。 语法如下： `function.toSource();`	非标准
Function.prototype.toString()	返回函数代码本身，ES2019 修改前会省略注释和空格。 语法如下： `function.toString()`	ES2019 修改
Function.prototype.isGenerator()	判断函数是否是一个生成器函数。 语法如下： `fun.isGenerator()`	非标准

【附件八】

为了方便你的学习，我们将该章中的相关附件上传到以下所示的二维码，你可以自行扫码查看。

第 9 章　新特性

学习目标：

- 装饰器；
- Symbol 数据类型；
- Module 模块开发；
- BigInt 对象；
- Promise()函数。

新特性主要是指 ES6 中新增加的 ES5 中没有的且没有在其他章节出现的一些特性，主要包含装饰器、Symbol、Module 和 BigInt。

9.1　装饰器

装饰器（decorator）是 ES7 增加的一个新概念，装饰器可以装饰一些对象并返回被包装过的对象。装饰器可以装饰的对象主要包括类、属性以及方法等。装饰器本身是一个函数，该函数接收 3 个参数，分别为所装饰的类本身、所装饰的类属性以及属性的描述对象。下面通过对参数的操作来实现类的扩展功能。

需要注意的是，装饰器提案经过了大幅修改，目前还没有定案。各大浏览器均未公开支持这一特性。如果想使用，需要借助 Babel 的 babel-plugin-transform-decorators 插件。

9.1.1　类的装饰器

装饰器可以用来装饰整个类，装饰器装饰类时是一个对类进行处理的函数。

1. 基础用法

类装饰器的基础用法，代码如下：

```
@testable
class MyClass{}
function testable(target) {
    target.isTestable=true;
}
console.log(MyClass.isTestable);                     //输出: true
```

2. 单的类装饰器

实例代码如下：

```
//类的装饰器
export const classDecorator = (target) => {
    //此处的 target 为类本身
    target.a = true                                        //给类添加一个静态属性
}
@classDecorator
export class ClassA {
    constructor() {
        this.a = 1
    }
    a = 2
}
console.info('ClassA.a:',ClassA.a);                        //输出：true
```

3. 带参数的类装饰器

带参数的类装饰器的使用，代码如下：

```
//传递参数的类的装饰器
export const classDecoratorWithParams = (params = true) => (target) => {
    target.a = params;
}
@classDecoratorWithParams(false)
export class ClassB {
    constructor() {
        this.a = 1;
    }
    fun = () => {
        console.info('fun 中 ClassB.a:',this.a,ClassB.a);     //输出：1,false
    }
}
console.info('ClassB.a:',ClassB.a);                        //false
const classB = new ClassB();
console.info('new ClassB().a:',classB.a);                  //输出：1
classB.fun();
```

4. 给类装饰器添加 prototype 属性

给类装饰器添加 prototype 属性，代码如下：

```
//类的装饰器（给类添加 prototype 属性）
export const classDecoratorAddPrototype = prototypeList => (target) => {
    target.prototype = {...target.prototype,...prototypeList}
    target.prototype.logger = () => console.info(`${target.name}被调用`)
//target.name 即获得类的名
}
@classDecoratorAddPrototype({fn() { console.info('fnfnfn') } })
//此处不能使用箭头函数
export class ClassC {
```

```
    constructor() {
        this.a = 1
    }
}
//console.info('ClassC.fn:',ClassC.fn())  //报错，fn 不在 ClassC 的静态属性上
const classC = new ClassC()
classC.fn()
classC.logger()
```

9.1.2　类属性/方法的装饰器

装饰器不仅可以装饰类，还可以装饰类的属性和方法。装饰类的方法本质上是操作其描述符。下面将对类属性/方法的装饰器进行分析。

1. 基础用法

类属性/方法的装饰器的基础用法，代码如下：

```
//target:在方法中，target 指向类的 prototype
function readonly(target,key,descriptor) {
    descriptor.writable = false
    return descriptor
}
class MyClass {
    @readonly
    print(){console.log(`a:${this.a}`)}
}
```

2. 应用实例

类属性/方法的装饰器的具体应用，代码如下：

```
//方法的装饰器
export const funDecorator = (params = {readonly:true}) =>
    (target,prototypeKey,descriptor) => {
    /*
      此处 target 为类的原型对象，即方法 Class.prototype
      ps：装饰器的本意是要装饰类的实例，但此时实例还未生成，
      所以只能装饰类的原型
    */
    /*
     prototypeKey 为要装饰的方法（属性名）
    */
    /*
      descriptor 为要修饰的方法（属性名）的描述符，即（默认值为）
      {
          value:specifiedFunction,
          enumerable:false,
          configurable:true,
          writable:true
      }
    */
      //实现一个传参的 readonly，修改描述符的 writable
```

```
        descriptor.writable=!params.readonly
        //返回这个新的描述符
        return descriptor
    }
    /*
        调用 funDecorator(Class.prototype,prototypeKey,descriptor)
        相当于
        Object.defineProperty(Class.prototype,prototypeKey,descriptor)
    */
export class ClassD {
    constructor() {
        this.a = 1
    }
    @funDecorator()
    fun = (tag) => {
        this.a = 2
        console.info(`this.a ${tag}`,this.a)
    }
}
const classD = new ClassD()
classD.fun('first')
//报错，无法改变 classD.fun，因为其描述符 descriptor.writable 已被装饰器修改为 false
try {
    classD.fun = (tag) => {
        console.info(`this.a changed ${tag}`)
    }
    classD.fun('sec')
} catch (err) {
    throw new Error(err)
}
```

3. 多个装饰器的执行顺序

一个类或者方法可以嵌套很多个装饰器，而它们的执行顺序可以总结如下。

（1）有多个参数装饰器时，从最后一个参数依次向前执行。

（2）方法和方法参数中，参数装饰器先执行。

（3）类装饰器总是最后执行。

（4）方法和属性装饰器，谁在前面谁先执行。

（5）因为参数属于方法的一部分，所以参数会一直紧挨着方法执行。

多个装饰器的执行顺序的综合实例代码如下：

```
//计数和计时
const labels = {};
//导出用于在测试中模拟
export const defaultConsole = {
    time:console.time ? console.time.bind(console):(label) => {
        labels[label] = new Date();
    },
    timeEnd:console.timeEnd ? console.timeEnd.bind(console):(label) => {
```

```
        const timeNow = new Date();
        const timeTaken = timeNow - labels[label];
        delete labels[label];
        console.info(`${label}:${timeTaken}ms`);
    }
};
let count = 0;
export const time = (params = {prefix:null,console:defaultConsole}) =>
    (target,prototypeKey,descriptor) => {
    const fn = descriptor.value
    let {prefix} = params
    const {console} = params
    if (prefix === null) {
        prefix = `${target.constructor.name}.${prototypeKey}`
    }
    if (typeof fn !== 'function') {
        throw new SyntaxError(`@time can only be used on functions,not:${fn}`)
    }
    return {
        ...descriptor,
        async value(...args) {
            const label = `${prefix}-${count}`
            count += 1
            console.time(label)
            try {
                return await fn.apply(this,args)
            } finally {
                console.timeEnd(label)
            }
        }
    }
}
//标记废弃
const DEFAULT_MSG = 'This function will be removed in future versions.'
export const deprecate = (params = {options:{} }) =>
    (target,prototypeKey,descriptor) => {
    if (typeof descriptor.value !== 'function') {
        throw new SyntaxError('Only functions can be marked as deprecated')
    }
    const methodSignature = `${target.constructor.name}#${prototypeKey}`
    let {msg = DEFAULT_MSG} = params
    const {options} = params
    if (options.url) {
        msg += `\n\n   See ${options.url} for more details.\n\n`;
    }
    return {
        ...descriptor,
        value(...args) {
            console.warn(`DEPRECATION ${methodSignature}:${msg}`)
            return descriptor.value.apply(this,args)
        }
    }
}
//测试顺序
export const testSequence1 = (params = {}) =>
    (target,prototypeKey,descriptor) => {
    const oldValue = descriptor.value
    return {
        ...descriptor,
```

```
        value(...args) {
            console.log('test1')
            oldValue.apply(this,args)
        }
    }
}
export const testSequence2 = (params = {}) =>
    (target,prototypeKey,descriptor) => {
    const oldValue = descriptor.value
    return {
        ...descriptor,
        value(...args) {
            console.log('test2')
            oldValue.apply(this,args)
        }
    }
}
export class ClassF {
    constructor() {
        this.result = {}
    }
    @time()
    @deprecate({options:{url:'https://github.com/zzsscc'}})
    @testSequence1()
    @testSequence2()
    fun() {
        return new Promise((resolve,reject) => {
            setTimeout(() => {
                resolve(this.result)
            },3000)
        })
    }
}
const classf = new ClassF()
classf.fun()
classf.fun()
```

9.2　Symbol 数据类型

Symbol 是一种基本数据类型，Symbol 包含一些静态属性和静态方法。它的静态属性会暴露几个内建的成员对象，静态方法会暴露全局的 symbol 注册。

静态属性和静态方法是指直接定义在类或构造函数上，而不是定义在实例对象或原型上的属性和方法。例如，Math 数学类下的所有属性和方法都是静态的。

9.2.1　Symbol 属性

除了定义自己使用的 Symbol 值以外，ES6 还提供了 13 个内置的 Symbol 值（即 Symbol 的静态属性），指向语言内部使用的方法。内置的 Symbol 值如表 9-1 所示。

表 9-1 内置的 Symbol 值

Symbol 值	说明
Symbol.hasInstance	用于判断某对象是否为某构造器的实例
Symbol.isConcatSpreadable	用于配置某对象作为 Array.prototype.concat()方法的参数时是否展开其数组元素
Symbol.species	是一个函数值属性，其构造函数用于创建派生对象
Symbol.match	用于指定匹配的是正则表达式而不是字符，String.prototype.match()方法会调用此函数
Symbol.matchAll	返回一个迭代器，该迭代器根据字符串生成正则表达式的匹配项。String.prototype.matchAll()方法会调用此函数
Symbol.replace	用于指定当字符串替换匹配的字符串时所调用的方法。String.prototype.replace()方法会调用此函数
Symbol.search	用于指定一个搜索方法，这个方法接受用户输入的正则表达式，返回该正则表达式在字符串中匹配到的下标，String.prototype.search()方法会调用此函数
Symbol.split	指向一个正则表达式的索引处分割字符串的方法。这个方法通过 String.prototype.split()方法调用
Symbol.iterator	为每个对象定义默认的迭代器。该迭代器可以被 for...of 循环使用
Symbol.toPrimitive	是作为对象的函数值属性存在的，当对象转换为对应的原始值时，会调用此函数
Symbol.toStringTag	通常作为对象的属性键使用，对应的属性值应该为字符串类型，这个字符串用来表示该对象的自定义类型标签，通常只有内置的 Object.prototype.toString()方法会去读取这个标签并将它包含在自己的返回值里
Symbol.unscopables	用于指定对象值，该对象值对应的属性名会被对象和有继承关系对象的 with 环境在绑定中排除
Symbol.asyncIterator	用于指定对象的默认异步迭代器。如果对象设置了这个属性，它就是异步可迭代对象，可用于 for await...of 循环

下面对 Symbol.hasInstance、Symbol.isConcatSpreadable 进行说明，以了解 Symbol 这些内置值的用法。

关于 Symbol.hasInstance 的使用，代码如下：

```
class NewArray {
    static[Symbol.hasInstance](instance) {
        return Array.isArray(instance);
    }
}
console.log([] instanceof NewArray);        //输出: true
```

关于 Symbol.isConcatSpreadable 的使用，代码如下：

```
//默认情况下，Array.prototype.concat()方法展开其元素连接到结果中
var arr1 = ['a','b','c'],
```

```
    arr2 = [1,2,3];
var newArr = arr1.concat(arr2);
console.log(newArr);                                    //输出：['a','b','c',1,2,3]
//设置 Symbol.isConcatSpreadable 为 false，可以改变默认行为
var arr1 = ['a','b','c'],
    arr2 = [1,2,3];
arr2[Symbol.isConcatSpreadable] = false;
var newArr = arr1.concat(arr2);
console.log(newArr);                                    //输出：['a','b','c',[1,2,3]]
```

Symbol 属性如表 9-2 所示。

表 9-2　Symbol 属性表

属性	说明
Symbol.prototype.description	一个包含 Symbol 描述的只读字符串，为 ES10 新增属性
Symbol.prototype.constructor	返回创建实例原型的函数，默认为 Symbol 函数

关于 Symbol.prototype.description 属性的使用，代码如下：

```
console.log(Symbol('abc').description);                 //输出：abc
console.log(Symbol('').description);                    //输出：
console.log(Symbol().description);                      //输出：undefined
console.log(Symbol.iterator.toString());                //输出：
Symbol(Symbol.iterator)
console.log(Symbol.iterator.description);               //输出：Symbol.iterator
console.log(Symbol.for('label').toString());            //输出：Symbol(label)
console.log(Symbol.for('label').description);           //输出：label
```

9.2.2　Symbol 方法

Symbol 方法及其说明如表 9-3 所示。

表 9-3　Symbol 方法及其说明

方法名	说明
Symbol.for()	会根据给定的键（key），从运行时的 symbol 注册表中找到对应的 symbol。如果找到，则返回 symbol，如果没有找到，就会新建一个与该键关联的 symbol，并放入全局 symbol 注册表中。 语法如下： Symbol.for(key); 参数：key 代表一个字符串，作为 symbol 注册表中与某 symbol 关联的键
Symbol.keyFor()	用来获取 symbol 注册表中与某个 symbol 关联的键。 语法如下： Symbol.keyFor(sym); 参数：sym 代表存储在 symbol 注册表中的某个 symbol

续表

方法名	说明
Symbol.prototype.toSource()	返回代表该对象源码的字符串。该方法通常由 JavaScript 内部调用。 语法如下： `Symbol.toSource()`
Symbol.prototype.toString()	返回当前 Symbol 对象的字符串表示。 语法如下： `symbol.toString()`
Symbol.prototype.valueOf()	返回当前 Symbol 对象所包含的 Symbol 原始值。 语法如下： `symbol.valueOf()`
Symbol.prototype[@@toPrimitive]	可将 Symbol 对象转换为原始值。 语法如下： `Symbol()[Symbol.toPrimitive](hint)`

Symbol.for()方法也可以创建 Symbol 类型的值，与 Symbol 方法的区别在于，它可以多次创建并返回同一个值，以达到重复使用同一个 Symbol 值的目的。Symbol.for()方法接收一个字符串作为参数，然后搜索是否有以该参数作为名称的 Symbol 值。如果有，就返回这个 Symbol 值，否则就创建一个以该参数为名称的 Symbol 值，并将其注册到全局，代码如下：

```
let sy_color1 = Symbol("yellow");
let sy_color2 = Symbol.for("yellow");
console.log(sy_color1 === sy_color2);         //输出：false
let sy_color3 = Symbol.for("yellow");
console.log(sy_color2 === sy_color3);         //输出：true
```

Symbol.keyFor()方法用于返回一个已登记的 Symbol 类型值的参数，代码如下：

```
let sy1 = Symbol.for("prop");
console.log(Symbol.keyFor(sy1));              //输出：prop
let sy2 = Symbol("prop");
console.log(Symbol.keyFor(sy2));              //输出：undefined
```

9.3　Module 模块开发

使用 JavaScript 开发比较大型的项目时，为了通过命名空间对各类对象进行封装，避免命名冲突，需要考虑模块开发的概念。引入模块开发的优点包括：可以提高项目的可维护性，避免命名空间冲突以及提高可重复性。

在 ES6 提出之前，JavaScript 本身并没有模块的支持，ES5 中采用 AMD(asynchronous module definition，异步模块定义) 和 CommonJS 两个标准作为解决方案。AMD 可以进行异步加载。

CommonJS 模块规范可以提供如 I/O、文件系统等额外功能，可以实现同步加载和缓存加载。

ES6 Module 结合 CommonJS 和 AMD 的优点，提出了一种不同于脚本方式加载的 JavaScript 文件，主要具有以下特点。

（1）无论是否在代码中添加'use strict'，JavaScript 模块文件都将自动运行在严格模式下。

（2）在 JavaScript 模块文件的顶级作用域创建的变量，不会被自动添加到全局作用域，属于局部变量，不会污染全局作用域。

（3）模块文件可以导入或导出其中的变量、函数、类等。

（4）由于 JavaScript 模块的设计思想是静态化的，因此模块在编译时就能确定相互之间的依赖关系和输入、输出的变量。

ES6 并未定义如何加载模块，在 Web 浏览器中，可通过在<script>标签中指定它的 type 属性值为'module'来加载模块，代码如下：

```
<script type='module' src = './index1.js'></script>
<script type='module' src = './index2.js'></script>
```

9.3.1　export 命令

在创建 ES6 模块时，可使用 export 命令导出其对外提供的模块内容，如原始变量、函数以及对象等。

1. 命名导出

命名导出采用 export+名称的标准形式导出模块中的相关内容。

1）语法

（1）声明时导出，代码如下：

```
export var str = 'hello world!';
export let x = 123;
export const PI = 3.1415;
export function fn() {};
```

（2）声明后导出，代码如下：

```
var str = 'hello world!';
export {str};
```

（3）别名导出，代码如下：

```
var str = 'hello world!';
export {str as sayHello};
```

2）应用实例

（1）实例 1 的代码如下：

```
//math.js
export function add(x,y) {
```

```
    return x + y;
}
//app.js: 导入含有命名导出的模块时, 需要指定成员名称
import {add} from './math.js';
console.log(add(1,2));                            //输出: 3
//demo.html
<script type="module" src="js/math.js"></script>
<script type="module" src="js/app.js"></script>
```

（2）实例 2 的代码如下：

```
//导出数据
export var color = 'red';
export let name = 'Lisa';
export const PI = 3.14;
//导出函数
export function add(x,y){
    return x + y;
}
//导出类
export class Person{
    constructor(name,sex,age){
        this.name = name;
        this.sex = sex;
        this.age = age;
    }
}
```

上述 export 导出的数据实例可以有另外一种写法，代码如下：

```
var color = 'red';
let name = 'Lisa';
const PI = 3.14;

function add(x,y) {
    return x + y;
}
class Person {
    constructor(name,sex,age) {
        this.name = name;
        this.sex = sex;
        this.age = age;
    }
}
//导出数据
export {color,name,PI,add,Person};
```

2. 默认导出

default 关键字可以为模块指定默认值，它所指定的单个变量、函数或类即为模块的默认导出。导出模块的默认内容可以使用 export default，且每个模块中只有一个 export default，设置多个 export default 属于语法错误。

1）语法

（1）声明时导出，代码如下：

```
export default expression;
export default function() {}
```

（2）别名设置为 default 导出，代码如下：

```
export default function fnname() {}
export {fnname as default};
```

2）应用实例

（1）实例 1 的代码如下：

```
//index1.js
export default function() {
    console.log('hello world!');
}
```

在上述代码中，index1.js 模块默认导出一个匿名函数，其他模块加载时可以为该匿名函数指定任意名字，代码如下：

```
//index2.js
import test from './index1.js';
test();                                 //输出: hello world!
```

同时，export default 后面也可以跟非匿名函数，代码如下：

```
//index1.js
export default function test(){
    console.log('hello world!');
}
//index2.js
import test1 from './index1.js';
test1();                                //输出: hello world!
```

上述代码还可以改写成如下形式：

```
//index1.js
function test(){
    console.log('hello world!');
}
export {test as default};
//index2.js
import test1 from './index1.js';
test1();                                //输出: hello world!
```

（2）实例 2 的代码如下：

```
//math1.js
//导出函数
export function add(x,y) {
    return x + y;
}
export default function cube(x) {
```

```
    return x * x * x;
}
//app1.js：导入默认导出的模块时，需要指定模块名称
import cube from './math1.js';
console.log(cube(4));// => 64
//若想同时导入含有默认导出、命名导出的模块，只需要导入时用','隔开
//import cube,{add} from './math.js';
//demo2.html
    <script type="module" src="./js/math1.js"></script>
    <script type="module" src="./js/app1.js"></script>
```

9.3.2　import 命令

当使用 export 导出模块的内容后，可以在其他模块内使用 import 命令导入创建的模块。

1）语法

（1）导入模块的默认导出内容，代码如下：

```
import defaultExport from 'module-name';
```

（2）导入模块的命名导出内容，代码如下：

```
import {export1,export2} from 'module-name';
import {export as alias} from 'module-name';        //修改别名
import * as name from 'module-name';                //导入模块内的所有命名导出内容
```

（3）导入模块的默认导出、命名导出，代码如下：

```
import defaultExport,{export1,export2} from 'module-name';
import defaultExport,* as name from 'module-name';
```

2）导入命名导出

导入命名导出时，可以使用大括号（指定命名成员）或*as moduleName 的形式将该模块所有的命名导出作为对象的成员，代码如下：

```
//math2.js
export function add(x,y) {
    return x + y;
}
//app2.js：指定使用 math 模块的 add 命名导出
import {add} from './math2.js';
console.log(add(1,2));                    //输出：3
//导入所有的命名导出作为 math 对象的成员
import * as math from './math2.js';
console.log(math2.add(1,2));              //输出：3
```

3）导入默认导出

导入默认导出时，需指定模块的名称，代码如下：

```
//math.js
export default function cube(x) {
    return x * x * x;
```

```
}
//app.js: 导入默认导出的模块时，需要指定模块名称
import cube from './math.js';
console.log(cube(4));                                       //输出：64
```

4）只导入模块

当只导入模块时，仅执行模块的全局函数，并不会导入其成员，代码如下：

```
//math3.js
export function add(x,y) {
    return x + y;
}
(function() {
    console.log('hello math3.js');
})();
//app3.js
import { add } from './math3.js';                          //输出：hello math3.js
//import 的时候默认运行 math3.js
//可以调用 add()，如 add(10,20);会输出 30
```

9.3.3　as 的用法

当在模块中导出/导入变量、函数或类时，可能存在不希望使用它本来名字的情况，这时可以使用 as 关键字对其进行重命名。

例如，在 export 导出接口时重命名，代码如下：

```
/*-----export [test.js]-----*/
let name = "lisa";
export {name as exportName}
/*-----import [xxx.js]-----*/
import {exportName} from "./test.js";
console.log(exportName);//输出：lisa
```

例如，在 import 导入接口时重命名，代码如下：

```
/*-----export [test1.js]-----*/
let name = "lisa";
export {name}
/*-----export [test2.js]-----*/
let name = "bill";
export {name}
/*-----import [xxx.js]-----*/
import {name as name1} from "./test1.js";
import {name as name2} from "./test2.js";
console.log(name1);                                         //输出：lisa
console.log(name2);                                         //输出：bill
```

9.3.4　模块的整体加载

模块的整体加载是指将整个模块当作一个单一对象进行导入，使用星号（＊）指定该对象，被导入模块的所有导出都将作为该对象的属性存在，代码如下：

```
//index1.js
export let name='lisa';
export function add(x,y){
    console.log(x+y);
}
//index2.js
import * as testObj from './index1.js';
console.log(testObj.name);                    //输出: lisa
testObj.add(1,2);                             //输出: 3
```

在上述代码中，index.js 模块的所有导出都被加载到 testObj 对象中，作为它的可用属性。

需要注意的是，如果存在多次重复执行同一条 import 语句的情况，import 只会执行一次。导入同一模块，声明不同接口引用，会声明对应变量，但只执行一次 import，代码如下：

```
import {a} "./xxx.js";
import {a} "./xxx.js";
//相当于 import {a} "./xxx.js";
import {a} from "./xxx.js";
import {b} from "./xxx.js";
//相当于 import {a,b} from "./xxx.js";
```

9.3.5 复合使用

当模块导入和导出的是同一个模块时，可以把 import 语句与 export 语句写在一起。代码如下：

```
import {name,test} from 'index1.js';
export {name,test};
```

可以简写为以下形式：

```
export {name,test} from 'index1.js';
```

9.3.6 import()函数

ES2020 提案引入 import()函数，用于支持动态加载模块，即程序在运行的过程中可以根据需要随时加载模块。

9.4 BigInt 对象

BigInt 是一种内置对象，可以通过 BigInt()函数生成 BigInt 类型的数值。

BigInt 对象的方法如表 9-4 所示。

表 9-4　BigInt 对象的方法及说明

方法名	说明
BigInt.asIntN()	将 BigInt 值转换为一个 $-2width-1$ 与 $2width-1$ 之间的有符号整数。 语法如下： `BigInt.asIntN(width,bigint);` 参数：width 代表可存储整数的位数；bigint 代表 bigint 数值
BigInt.asUintN()	将 BigInt 转换为一个 0 和 $2width-1$ 之间的无符号整数。 语法如下： `BigInt.asUintN(width,bigint);` 参数：width 代表可存储整数的位数；bigint 代表 bigint 数值
BigInt.parseInt()	近似于 Number.parseInt()，将一个字符串转换成指定进制的 BigInt。 语法如下： `BigInt.parseInt(string, radix)` 参数：string 代表需要转换为 BigInt 的字符串；radix 代表用于表示数值的基数
BigInt.prototype.toLocaleString()	返回一个字符串，该字符串具有此 BigInt 的 language-sensitive 表达形式。 语法如下： `bigIntObj.toLocaleString()`
BigInt.prototype.toString()	返回一个字符串，表示指定 BigInt 对象。 语法如下： `bigIntObj.toString(radix)` 参数：radix 为可选参数，代表用于表示数值的基数
BigInt.prototype.valueOf()	返回 BigInt 对象包装的原始值。 语法如下： `bigIntObj.valueOf()`

例如，关于 BigInt.asIntN(width,BigInt)和 BigInt.asUintN(width,BigInt)方法的使用，代码如下：

```
const max = 3n ** (64n - 1n) - 12n;
console.log(BigInt.asIntN(64,max));           //输出：-3237885987332494945n
console.log(BigInt.asIntN(64,max + 1n));      //输出：-3237885987332494944n
console.log(BigInt.asIntN(32,max));           //输出：2111105439n
console.log(BigInt.asIntN(2,max));            //输出：-1n
console.log(BigInt.asUintN(64,max + 1n));     //输出：15208858086377056672n
console.log(BigInt.asUintN(32,max));          //输出：2111105439n
console.log(BigInt.asUintN(2,max));           //输出：3n
```

9.5　Promise()函数

Promise 是异步编程的一种解决方案，比传统的利用回调函数或事件等解决异步编程问题的方案更合理、更强大。

1. 概述

Promise 是构造函数，通过 new 来构建实例。Promise 构造函数接收一个函数作为参数，此函数包含两个参数，分别为 resolve 和 reject，这两个参数也是函数。

Promise 异步操作有 3 种状态：pending（进行中）、fulfilled（已成功）和 rejected（已失败）。除了异步操作的结果，任何其他操作都无法改变这个状态。Promise 对象只有从 pending 变为 fulfilled 和从 pending 变为 rejected 的状态改变。只要处于 fulfilled 和 rejected，状态就不会改变，即 resolved（已定型）。

创建 Promise 对象实例的代码如下：

```
var p = new Promise(function (resolve,reject) {
    setTimeout(function() {
        var num = Math.random();
        if (num >= 0.5) {
            console.log('这是符合要求的数字值! ');
            resolve(num);
        } else {
            console.log('数字不符合要求! ');
            reject('数字小于0.5');
        }
    },2000);
})
console.log(p);
//输出: Promise {<pending>}
//输出: 这是符合要求的数字值!
```

Promise 新建后会立即执行。上述代码中，设置了一个 2s 后执行的定时器。2s 以后生成一个随机数，如果数字大于等于 0.5，打印"这是符合要求的数字值!"，这种情况我们认为是"成功"了，调用 resolve 修改 Promise 的状态。否则我们认为是"失败"了，调用 reject 并传递一个参数，作为"失败"的原因。

resolve 函数的作用是，将 Promise 对象的状态从"未完成"变为"已解决"（即从 pending 变为 resolved），在异步操作成功时调用，并将异步操作的结果作为参数传递出去。

reject 函数的作用是，将 Promise 对象的状态从"未完成"变为"拒绝"（即从 pending 变为 rejected），在异步操作失败时调用，并将异步操作报出的错误作为参数传递出去。

2. Promise 实例对象方法

Promise 实例对象的方法如表 9-5 所示。

表 9-5　Promise 实例对象的方法及说明

方法名	说明

Promise.prototype.then()	then()方法返回一个 Promise 对象。它最多需要有两个参数：Promise 的成功和失败情况的回调函数。
	语法如下：
	<pre>p.then(value => {
	    //fulfillment
	},reason => {
	    //rejection
	})</pre>

Promise.prototype.catch()	处理 Promise 内部发生的错误。catch()方法返回的还是一个 Promise 对象，因此后面还可以接着调用 then()方法。
	语法如下：
	<pre>p.catch(function(reason) {
	});</pre>参数：reason 代表 rejection 原因

Promise.prototype.finally()	finally()方法用于指定不管 Promise 对象最后状态如何都会执行的操作。该方法是 ES2018 引入标准的。
	语法如下：
	<pre>p.finally(function() {
	})</pre>

关于 then()方法的使用，代码如下：

```
function runAsync() {
    var p = new Promise(function (resolve,reject) {
        //执行一些异步操作
        setTimeout(function() {
            console.log('执行完成');
            resolve('对象状态为已解决');
        },2000);
    });
    return p;
}
runAsync().then(function (data) {
    console.log(data);
    //后面可以使用传过来的数据执行其他操作
    //...
});
//输出：执行完成
//输出：对象状态为已解决
```

在上述代码中，将 Promise 对象包在 runAsync()函数中并返回，需要的时候再去运行这个函数即可。在 runAsync()函数的返回上直接调用 then 方法，then 接收一个参数，参数为函数，并且会拿到我们在 runAsync()函数中调用 resolve 时传入的参数。运行这段代码，会在 2 秒后输出"执行完成"，紧接着输出"对象状态为已解决"。

then 方法可以返回一个新的 Promise 实例。因此可以采用链式写法,即 then 方法后面再调用另一个 then 方法。

采用链式的 then,可以指定一组按照次序调用的回调函数。这时,前一个回调函数有可能返回的还是一个 Promise 对象(即有异步操作),这时后一个回调函数就会等待该 Promise 对象的状态发生变化才会被调用,代码如下:

```
function runAsync1() {
    var p = new Promise(function (resolve,reject) {
        //执行一些异步操作
        setTimeout(function() {
            console.log('异步任务 1: 如进入教室,ok!');
            resolve('走向座位');
        },1000);
    });
    return p;
}
function runAsync2() {
    var p = new Promise(function (resolve,reject) {
        //执行一些异步操作
        setTimeout(function() {
            console.log('异步任务 2: 坐到座位上, ok!');
            resolve('拿出书');
        },2000);
    });
    return p;
}

function runAsync3() {
    var p = new Promise(function (resolve,reject) {
        //执行一些异步操作
        setTimeout(function() {
            console.log('异步任务 3:打开书本, ok!');
            resolve('准备看书');
        },2000);
    });
    return p;
}
runAsync1()
    .then(function (data) {
        console.log(data);
        return runAsync2();
    })
    .then(function (data) {
        console.log(data);
        return '直接返回 test';                    //这里直接返回数据
    })
    .then(function (data) {
```

```
        console.log(data);
    });
//输出：异步任务 1：如进入教室,ok!
//输出：走向座位
//输出：异步任务 2：坐到座位上,ok!
//输出：拿出书
//输出：直接返回 test
```

实例能够按顺序、每隔两秒输出每个异步回调中的内容，在 runAsync2()中传给 resolve 的数据，能在接下来的 then 方法中拿到。

关于 catch()方法的使用，代码如下：

```
function getNumber() {
    var p = new Promise(function (resolve,reject) {
        //执行一些异步操作
        setTimeout(function() {
            var num = Math.ceil(Math.random() * 10);    //生成1~10 的随机数
            if (num <= 5) {
                resolve(num);
            } else {
                reject('数字大于 5');
            }
        },2000);
    });
    return p;
}
getNumber()
    .then(function (data) {
        console.log('resolved');
        console.log(data);
        console.log(somedata);                          //此处的 somedata 未定义
    })
    .catch(function (reason) {
        console.log('rejected');
        console.log(reason);
    });
//输出: resolved
//输出: 4
//输出: rejected
//输出: ReferenceError:somedata is not defined
```

在 resolve 的回调中，console.log(somedata)中的 somedata 这个变量是没有被定义的。如果不使用 Promise，代码运行到这里就直接在控制台报错，不往下运行了。

3. Promise 构造函数方法

Promise 构造函数方法及说明如表 9-6 所示。

表 9-6　Promise 构造函数方法及说明

方法	说明
Promise.all()	该方法返回一个 Promise 实例，此实例在参数内所有的 promise 都"完成（resolved）"或参数中不包含 promise 时回调完成（resolve）；如果参数中 promise 有一个失败（rejected），则表示此实例回调失败（reject），失败的原因是第一个失败 promise 的结果。 语法如下： `Promise.all(iterable)` 参数：iterable 代表可迭代对象
Promise.allSettled()	该方法返回一个在所有给定的 promise 已被决议或被拒绝后决议的 promise，并带有一个对象数组，每个对象表示对应的 promise 结果。 语法如下： `Promise.allSettled(iterable)` 参数：iterable 代表可迭代对象
Promise.any()	该方法接收一组 Promise 实例作为参数，包装成一个新的 Promise 实例。只要参数实例有一个变成 fulfilled 状态，包装实例就会变成 fulfilled 状态；如果所有参数实例都变成 rejected 状态，包装实例就会变成 rejected 状态。该方法目前是一个第三阶段的提案，可只先做了解。 语法如下： `Promise.any(iterable)` 参数：iterable 代表可迭代对象
Promise.race()	该方法返回一个 promise，一旦迭代器中的某个 promise 解决或拒绝，返回的 promise 就会解决或拒绝 语法如下： `Promise.race(iterable)` 参数：iterable 代表可迭代对象
Promise.reject()	该方法返回一个带有拒绝原因的 Promise 对象。 语法如下： `Promise.reject(reason)` 参数：reason 代表 Promise 被拒绝的原因
Promise.resolve()	有时需要将现有的对象转换为 Promise 对象，Promise.resolve()方法就起到这个作用。 语法如下： `Promise.resolve(value)` 参数：value 为可选参数，代表将被 Promise 对象解析的参数
Promise.try()	该方法为所有操作提供了统一的处理机制，因此，如果想用 then 方法管理流程，最好都用 Promise.try()方法包装一下，目前还处于提案阶段。 语法如下： `Promise.try(fn)` 参数：fn 代表函数

关于 Promise.all()方法的使用，代码如下：

```
function runAsync1() {
```

```
        var p = new Promise(function (resolve,reject) {
            //执行一些异步操作
            setTimeout(function() {
                console.log('异步任务 1：如进入教室,ok!');
                resolve('走向座位');
            },1000);
        });
        return p;
}
function runAsync2() {
        var p = new Promise(function (resolve,reject) {
            //执行一些异步操作
            setTimeout(function() {
                console.log('异步任务 2：坐到座位上，ok!');
                resolve('拿出书');
            },2000);
        });
        return p;
}
function runAsync3() {
        var p = new Promise(function (resolve,reject) {
            //执行一些异步操作
            setTimeout(function() {
                console.log('异步任务 3:打开书本，ok!');
                resolve('准备看书');
            },2000);
        });
        return p;
}
Promise
        .all([runAsync1(),runAsync2(),runAsync3()])
        .then(function (results) {
            console.log(results);
        });
//输出：异步任务 1：如进入教室,ok!
//输出：异步任务 2：坐到座位上,ok!
//输出：异步任务 3:打开书本,ok!
//输出：(3)["走向座位","拿出书","准备看书"]
```

使用 Promise.all()方法来执行，all 接收一个数组参数，里面的值最终都返回 Promise 对象。这样，3 个异步操作并行执行，等到它们都执行完后才会进入 then 里面。3 个异步操作返回的数据都在 then 里面,all 会把所有异步操作的结果放进一个数组并传给 then,这就是上面的 results。

关于 Promise..resolve()方法的使用，代码如下：

```
setTimeout(function() {
    console.log('three');
},0);
Promise.resolve().then(function() {
    console.log('two');
```

```
});
console.log('one');
//输出:
//one
//two
//three
```

上述代码中，setTimeout(fn,0)在下一轮"事件循环"开始时执行，Promise.resolve()在本轮"事件循环"结束时执行，console.log('one')则是立即执行，因此最先输出。

【附件九】

为了方便你的学习，我们将该章中的相关附件上传到以下所示的二维码，你可以自行扫码查看。

第 10 章　JSON

学习目标：

- JSON 语法；
- JSON 数据转化方式。

JSON 全称是 JavaScript Object Notation，是一种用于存储和传输数据的数据格式，通常用于从服务器端向网页传递数据。

10.1　JSON 语法

10.1.1　JSON 语法规则

JSON 语法使用 JavaScript 语法来描述数据对象，是 JavaScript 语法的一个子集，但是 JSON 仍然独立于语言和平台。JSON 包括以下规则。

（1）数据在名称/值对中。

（2）数据由逗号分割。

（3）花括号保存对象。

（4）方括号保存数组。

因此，JSON 格式的数据应包含以下内容。

（1）数据使用名称/值对表示。

（2）使用大括号{}保存对象，每个名称后面跟着一个:(冒号)。

（3）使用方括号[]保存数组，数组值使用逗号分割。

（4）使用 JSON 语法创建一个简单的 personJson 数据的代码如下：

```
var presonJson = [{
    "id":141003530100,
    "name":"Tom",
    "gender":"M",
    "age":18,
    "flag":true,
    "20-80":null
},
```

```
    {
        "id":141003530101,
        "name":"Neo",
        "gender":"W",
        "age":20,
        "flag":false,
        "20-80":null
    },
]
console.log(presonJson);
//输出:
//(2) [{…},{…}]
//0:{id:141003530100,name:"Tom",gender:"M",age:18,flag:true,…}
//1:{id:141003530101,name:"Neo",gender:"W",age:20,flag:false,…}
//length:2
//__proto__:Array(0)
```

10.1.2　JSON 表现形式

1. JSON 数组

JSON 数组是在方括号（[]）里面书写的，数组可以包含多个对象。上面例子中的 personJson 对象是一个包含两组对象的数组。

2. JSON 对象

JSON 对象在花括号（{}）中书写，对象中可以包含多个名称/值对，比如上面例子中，personJson 数组里面包含了 2 个对象，每个对象又包含了 4 个名称/值对。

3. JSON 值

JSON 值可以包含数字（整型和浮点型）、字符串、布尔值（true 和 false）、数组、对象和 null。

10.2　JSON 数据转化方式

JSON 在 Web 开发中越来越受重视，特别是在使用 AJAX 开发项目的过程中，服务器经常会返回一些 JSON 格式的字符串到前端页面。这些字符串需要经过 JSON 数据解析的过程，JavaScript 才可以正常使用 JSON 中包含的数据。

通常情况下，把 JavaScript 对象数据转化为 JSON 字符串的过程称为序列化。JSON 字符串转化为 JavaScript 对象数据的过程称为解析。

1. 序列化方法

JSON.stringify()方法可以把 JavaScript 对象数据序列化为 JSON 字符串。

使用 JSON.stringify()方法将对象序列化为 JSON 字符串的代码如下：

```
var person = {
    "id":141003530100,
```

```
    "name":"Tom",
}
var jsonText = JSON.stringify(person);
```

2. 解析方法

JSON.parse()方法是把 JSON 字符串转化为原生的 JavaScript 对象数据，是目前解析 JSON 数据最常用的方法。

使用 JSON.parse()方法将字符串序列化为 JavaScript 对象数据的代码如下：

```
function toJson(str) {
    return JSON.parse(str);
}
```

以上讲解了非常常用的两种转化方法，有兴趣了解 JSON 其他转化方法及 JSON.stringify()方法和 JSON.parse()方法的其他转化规则的读者请参见电子资源。

【附件十】

为了方便你的学习，我们将该章中的相关附件上传到以下所示的二维码，你可以自行扫码查看。

第 11 章 AJAX

学习目标：

- XMLHttpRequest 对象；
- AJAX 状态码；
- 进度事件；
- 跨域资源共享。

AJAX 为异步的 JavaScript 和 XML，是一种可以快速创建动态网页的技术。它可以发送和接收各种格式的信息，包括 JSON、XML、HTML 和文本文件。AJAX "异步" 特性表现在它可以与服务器通信、交换数据和更新页面，而不需要刷新页面。

AJAX 整体的标准流程如图 11-1 所示。

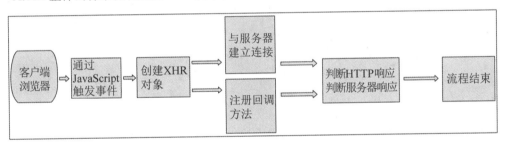

图 11-1 AJAX 标准流程图

整体流程的具体分析如下。

（1）通过客户端浏览器触发 AJAX 事件。

（2）创建 XMLHttpRequest 对象。

（3）与服务器建立连接并设置连接方式，然后发送数据。

（4）注册回调方法。

（5）执行回调并判断响应结果。

11.1 XMLHttpRequest 对象

XMLHttpRequest 对象提供对 HTTP 协议的完全访问，可以发送 POST 请求和 GET 请求。XMLHttpRequest 对象可以同步或异步地返回 Web 服务器的响应，并且能够以文本或 DOM 文档的形式返回内容。

11.1.1　创建 XMLHttpRequest 对象

1. 创建对象

在 IE7+、Firefox、Chrome、Safari 以及 Opera 浏览器中创建 XMLHttpRequest 对象的语法如下：

```
var xhr= new XMLHttpRequest();
```

更早期版本的浏览器（IE5 和 IE6）可以使用下面的语法创建对象。

```
var axo = new ActiveXObject("Microsoft.XMLHTTP");
```

2. 应用实例

创建 XMLHttpRequest 对象的代码如下：

```
var xhr;
if (window.XMLHttpRequest)
{
    //IE7+、Firefox、Chrome、Opera、Safari 浏览器运行代码
    xhr =new XMLHttpRequest();
}
else
{
    //IE6、IE5 浏览器执行代码
    xhr =new ActiveXObject("Microsoft.XMLHTTP");
}
```

11.1.2　发送请求

有两种不同的发送请求方式，即发送 GET 请求和发送 POST 请求。XMLHttpRequest 对象发送请求的方法有 open()方法和 send()方法。

1. open()方法

XMLHttpRequest对象的open()方法用于初始化所创建的请求，或者重新初始化现有的请求。语法如下：

```
XMLHttpRequest.open(method,url[,async[,user[,password]]]);
```

参数说明如下。

（1）method 表示使用的 HTTP 请求方法，如 GET、POST、PUT、DELETE 等。

（2）url 表示要发送请求的 URL。

（3）async 表示一个可选的布尔参数，默认值为 true，表示是否执行异步操作。

（4）user 表示用于身份验证的用户名，默认情况下，是空值，是可选参数。

（5）password 表示用于身份验证的用户密码，默认情况下，是空值，是可选参数。

2. send()方法

XMLHttpRequest 对象的 send()方法用于将请求发送到服务器。如果请求是异步的，则该方法在请求发送并使用事件传递结果时立即返回。如果请求是同步的，此方法直到响应到达时才返回。语法如下：

```
XMLHttpRequest.send(body);
```

在上述语法中，body 表示是在 XMLHttpRequest 对象请求中要发送的数据体。

3. GET 请求

GET 是最常见的请求类型，常用于向服务器查询某些信息。可以将查询字符串参数追加到 URL 的末尾，以便将信息发送给服务器。对于 XMLHttpRequest 对象而言，传入 open()方法的 URL 末尾的查询字符串必须经过正确的编码。

查询的字符串中，每个参数的名称和值都必须使用 encodeURIComponent()进行编码，然后才能放到 URL 的末尾，并且所有名称和值都必须用符号（&）分隔，实例代码如下：

```
xhr.open("get","example.php?name1 = value1&name2 = value2",true);
```

也可以辅助向现有 URL 的末尾添加查询字符串参数，代码如下：

```
function addURLParam(url,name,value) {
    url += (url.indexOf("?") == -1 ? "?":"&");
    url += encodeURIComponent(name) + "=" + encodeURIComponent(value);
    return url;
}
```

addURLParam()函数接收 3 个参数，即为要添加参数的 URL、参数的名称以及参数的值。该函数首先检查 URL 是否包含问号（以确定是否已经有参数存在），如果没有，就添加一个问号；否则，就添加符号（&）。然后，将参数名称和值进行编码，再添加到 URL 的末尾。最后返回添加参数之后的 URL。

使用 addURLParam()函数构建请求 URL，代码如下：

```
var url = "example.php";
//添加参数
url = addURLParam(url,"name","Nicholas");
url = addURLParam(url,"book","Professional JavaScript");
//初始化请求
xhr.open("get",url,false);
```

4. POST 请求

使用频率仅次于 GET 请求的是 POST 请求，通常用于向服务器发送应该被保存的数据。POST 请求将数据作为请求的主体提交，GET 请求传统上不是这样的。POST 请求的主体可以包含非常多的数据，而且格式不限。在 open()方法第一个参数的位置传入"post"，就可以初始化一个 POST 请求，实例代码如下：

```
xhr.open("post","example.php",true);
```

发送 POST 请求的第二步就是向 send()方法中传入某些数据。由于 XMLHttpRequest 对象最初的设计主要是为了处理 XML，因此可以在此传入 XML DOM 文档，传入的文档经过序列化之后，将作为请求主体被提交到服务器。当然，也可以在此传入任何想发送到服务器的字符串。

5. GET 请求与 POST 请求的比较

GET 请求与 POST 请求的比较如表 11-1 所示。

表 11-1　GET 请求与 POST 请求的比较

比较项	GET 请求	POST 请求
后退按钮/刷新	无害	数据会被重新提交（浏览器应该提示用户数据会被重新提交）
书签	可收藏为书签	不可收藏为书签
缓存	能缓存	不能缓存
编码类型	application/x-www-form-urlencoded	application/x-www-form-urlencoded 或 multipart/form-data，为二进制数据使用多重编码
历史	参数保留在浏览器历史中	参数不会保存在浏览器历史中
对数据长度的限制	当发送数据时，GET 方法向 URL 添加数据；URL 的长度是受限制的（URL 的最大长度是 2048 个字符）	无限制
对数据类型的限制	只允许 ASCII 字符	没有限制，也允许二进制数据
安全性	与 POST 请求相比，GET 请求的安全性较差，因为所发送的数据是 URL 的一部分。在发送密码或其他敏感信息时绝不要使用 GET 请求	POST 请求比 GET 请求更安全，因为参数不会被保存在浏览器历史或 Web 服务器日志中
可见性	数据在 URL 中对所有人都是可见的	数据不会显示在 URL 中

6. onreadystatechange 事件

在 XMLHttpRequest 对象的请求与响应的过程中，我们会用到 onreadystatechange，每当 XMLHttpRequest 对象的 readyState 属性发生更改时，就会调用事件处理程序 onreadystatechange。

readyState 属性包括以下 5 种状态。

（1）0：请求未初始化。

（2）1：服务器连接已建立。

（3）2：请求已接收。

（4）3：请求处理中。

（5）4：请求已完成，且响应已就绪。

11.1.3 服务器响应

使用 XMLHttpRequest 对象的 responseText 属性或者 responseXML 属性。

1. responseText 属性

responseText 属性返回在发送请求后从服务器接收到的文本。语法如下：

```
var resultText = XMLHttpRequest.responseText;
```

2. responseXML 属性

responseXML 属性返回一个文档，包含请求检索的 HTML 或 XML。如果请求不成功、尚未发送或无法将数据解析为 XML 或 HTML，则返回 null。语法如下：

```
var resultdata = XMLHttpRequest.responseXML;
```

例如，XMLHttpRequest 对象属性的使用，代码如下：

```
var xhr = new XMLHttpRequest;
xhr.open('GET','/server');
//如果指定，则 responseType 必须为空字符串或"document"
xhr.responseType = 'document';
//强制将响应解析为 XML
xhr.overrideMimeType('text/xml');
xhr.onload = function() {
    if (xhr.readyState === xhr.DONE && xhr.status === 200) {
        console.log(xhr.response,xhr.responseText);
        console.log(xhr.response,xhr.responseXML);
    }
};
```

11.1.4 HTTP 头部信息

每个 HTTP 请求和响应都会带有相应的头部信息，XMLHttpRequest 对象提供了操作这两种头部（即请求头部和响应头部）信息的方法。

在发送 XHR 请求时，默认情况下会发送下列头部信息。

- Accept：浏览器能够处理的内容类型。
- Accept-Charset：浏览器能够显示的字符集。
- Accept-Encoding：浏览器能够处理的压缩编码。
- Accept-Language：浏览器当前设置的语言。
- Connection：浏览器与服务器之间连接的类型。
- Cookie：当前页面设置的任何 Cookie。

- Host：发出请求的页面所在的域。
- Referer：发出请求的页面的 URI。
- User-Agent：浏览器的用户代理字符串。

操作请求头部信息和响应头部信息的方法包括 setRequestHeader()方法、getResponseHeader()方法、getAllResponseHeaders()方法。

1. setRequestHeader()方法

setRequestHeader()方法用于设置自定义的请求头部信息，该方法放在 open()方法和 send()方法之间。语法如下：

```
xhr.setRequestHeader("MyHeader","MyValue");
```

在上述语法中，参数 MyHeader 表示头部字段的名称，MyValue 表示头部字段的值。

2. getResponseHeader()方法

getResponseHeader()方法通过传入头部字段名称，取得相应的响应头部信息。语法如下：

```
var myHeader = getResponseHeader(name);
```

在上述语法中，参数 name 表示要返回文本值的标题名称。

3. getAllResponseHeaders()方法

getAllResponseHeaders()方法返回所有的响应头部信息，为 CRLF 分割的字符串或者 null。语法如下：

```
var headers = XMLHttpRequest.getAllResponseHeaders();
```

当 getAllResponseHeaders()方法无自定义信息的情况下，返回如下信息：

```
date:Fri,08 Dec 2017 21:04:30 GMT\r\n
content-encoding:gzip\r\n
x-content-type-options:nosniff\r\n
server:meinheld/0.6.1\r\n
x-frame-options:DENY\r\n
content-type:text/html;charset = utf-8\r\n
connection:keep-alive\r\n
strict-transport-security:max-age = 63072000\r\n
vary:Cookie,Accept-Encoding\r\n
content-length:6502\r\n
x-xss-protection:1;mode = block\r\n
```

11.2　AJAX 状态码

AJAX 状态码是指无论 AJAX 访问是否成功，服务器所返回的都是 HTTP 头信息代码。该信息使用 "ajax.status" 所获得，具体说明如表 11-2 所示。

表 11-2　AJAX 状态码及说明

状态码	说明
1**	请求收到，继续处理
2**	操作成功收到，分析、接受
3**	完成此请求必须进一步处理
4**	请求包含一个错误语法或不能完成
5**	服务器执行一个完全有效请求失败
100	客户必须继续发出请求
101	客户要求服务器根据请求转换 HTTP 协议版本
200	交易成功
201	提示知道新文件的 URL
202	接受和处理，但处理未完成
203	返回信息不确定或不完整
204	请求收到，但返回信息为空
205	服务器完成了请求，用户代理必须复位当前已经浏览过的文件
206	服务器已经完成了部分用户的 GET 请求
300	请求的资源可在多处得到
301	删除请求数据
302	在其他地址发现了请求数据
303	建议客户访问其他 URL 或访问方式
304	客户端已经执行了 GET，但文件未变化
305	请求的资源必须从服务器指定的地址得到
306	前一版本 HTTP 中使用的代码，现行版本中不再使用
307	申明请求的资源临时性删除
400	错误请求，如语法错误
401	请求授权失败
402	保留有效 ChargeTo 头响应
403	请求不允许
404	没有发现文件、查询或 URl
405	用户在 Request-Line 字段定义的方法不允许
406	根据用户发送的 Accept，请求资源不可访问
407	类似 401，用户必须先在代理服务器获得授权
408	客户端没有在用户指定的时间内完成请求
409	对当前资源状态，请求不能完成
410	服务器上不再有此资源且无进一步的参考地址
411	服务器拒绝用户定义的 Content-Length 属性请求

续表

状态码	说明
412	一个或多个请求头字段在当前请求中错误
413	请求的资源大于服务器允许的大小
414	请求的资源 URL 长于服务器允许的长度
415	请求资源不支持请求项目格式
416	请求中包含 Range 请求头字段，在当前请求资源范围内没有 range 指示值，请求也不包含 If-Range 请求头字段
417	服务器不满足请求 Expect 头字段指定的期望值，如果是代理服务器，可能是下一级服务器不能满足请求
500	服务器产生内部错误
501	服务器不支持请求的函数
502	服务器暂时不可用，有时是为了防止发生系统过载
503	服务器过载或暂停维修、宕机
504	关口过载，服务器使用另外一个关口或服务来响应用户，等待时间设定值较长
505	服务器不支持或拒绝支持请求头中指定的 HTTP 版本

11.3　进度事件

XMLHttpRequest 规范包括进度事件 Progress Events 规范，XMLHttpRequest 对象在请求的不同阶段触发不同类型的事件，每个请求从触发 loadstart 事件开始，然后触发一个或多个 progress 事件，接着触发 error、abort 或 load 事件中的一个，最后触发 loadend 事件。

- loadstart 事件：在接收到相应数据的第一个字节时触发。
- progress 事件：在接收相应数据期间持续不断地触发。
- error 事件：在请求发生错误时触发。
- abort 事件：在因为调用 abort()方法而终止链接时触发。
- load 事件：在接收到完整的相应数据时触发。
- loadend 事件：在通信完成或者触发 error、abort 或 load 事件后触发。

在上述 6 种方法中，load 事件和 progress 事件的具体使用如下。

1. load 事件

响应接收完毕后将触发 load 事件，onload 事件处理程序也会接收到一个 event 对象，其 target 属性就指向 XMLHttpRequest 对象实例，因而可以访问到 XMLHttpRequest 对象的所有属性和方法。

2. progress 事件

progress 事件会在浏览器接收新数据期间周期性地触发。onprogress 事件处理程序会接收到一个 event 对象，其 target 属性是 XMLHttpRequest 对象，并且包含 3 个额外的属性，即 lengthComputable、loaded 和 total。其中，lengthComputable 属性是一个表示进度信息是否可用的布尔值，loaded 属性为已经接收的字节数，total 为根据 Content-Length 响应头部确定的预期字节数。

在页面中设置 progress 事件，周期性地触发输出信息，实例代码如下：

```
var progressBar = document.getElementById("myDiv");
client = new XMLHttpRequest();
client.open("GET","message.txt")
client.onprogress = function (pe) {
    if (pe.lengthComputable) {
        console.log(pe.total);
        console.log(pe.loaded);
    }
}
client.onloadend = function (pe) {
    progressBar.value = pe.loaded;
    console.log(pe.loaded);
}
client.send();
```

上述代码中，message.txt 是一个自定义的文档，代码主要用于统计 message.txt 文档的字数。需要注意的一点是，不同浏览器的跨域解决方式不一样，此处不再赘述。上述实例代码的运行效果如图 11-2 所示。

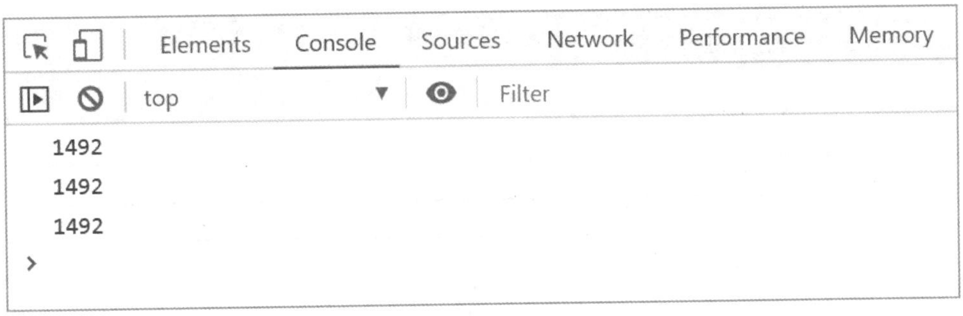

图 11-2　实例代码的运行效果

3. 进度事件综合实例

HTML 代码如下：

```
<div class = "controls">
    <input class = "xhr success" type = "button" name = "xhr" value =
        "Click to start
    XHR(success)"/>
    <input class = "xhr error" type = "button" name = "xhr" value =
```

```
        "Click to start XHR(error)"/>
    <input class = "xhr abort" type = "button" name = "xhr" value =
        "Click to start XHR(abort)"/>
</div>
<textarea readonly class = "event-log"></textarea>
```

JavaScript 代码如下:

```javascript
var xhrButtonSuccess = document.querySelector('.xhr.success');
var xhrButtonError = document.querySelector('.xhr.error');
var xhrButtonAbort = document.querySelector('.xhr.abort');
var log = document.querySelector('.event-log');
var a = 1;
function handleEvent(e) {
    console.log("e = ");
    console.log(e);
    log.textContent = log.textContent + `${e.type}:${e.loaded} bytes
transferred\n`;
}
function addListeners(xhr) {
    console.log("xhr");
    console.log(xhr);
    xhr.addEventListener('loadstart',handleEvent);
    xhr.addEventListener('load',handleEvent);
    xhr.addEventListener('loadend',handleEvent);
    xhr.addEventListener('progress',handleEvent);
    xhr.addEventListener('error',handleEvent);
    xhr.addEventListener('abort',handleEvent);
}
function runXHR(url) {
    log.textContent = '';
    var xhr = new XMLHttpRequest();
    addListeners(xhr);
    xhr.open("GET",url);
    xhr.send();
    console.log("xhr=");
    console.log(xhr);
    return xhr;
}
xhrButtonSuccess.addEventListener('click',() => {
    runXHR('http://www.20-80.cn/images/wpImage/5673ecbc7e2a8.jpg');
});
xhrButtonError.addEventListener('click',() => {
    runXHR('http://www.20-80.cn/images/wpImage/5673ecbdc4fe1.jpg');
});
xhrButtonAbort.addEventListener('click',() => {
    runXHR('http://www.20-80.cn/images/wpImage/5673ecbe6f8f1.jpg').abort();
});
```

实例代码的页面显示效果如图 11-3、图 11-4、图 11-5 所示。

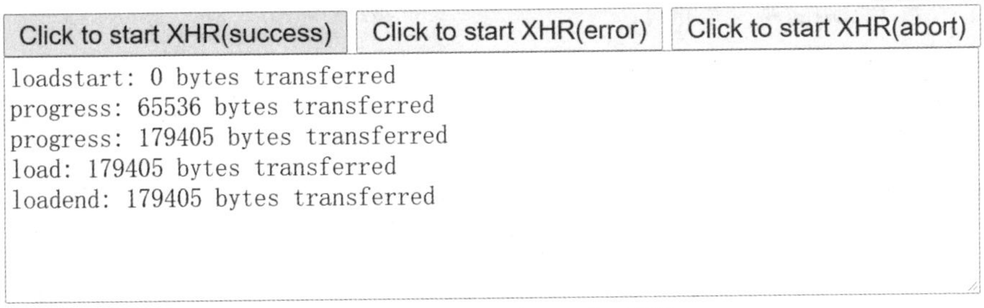

图 11-3　实例代码的页面显示效果 1

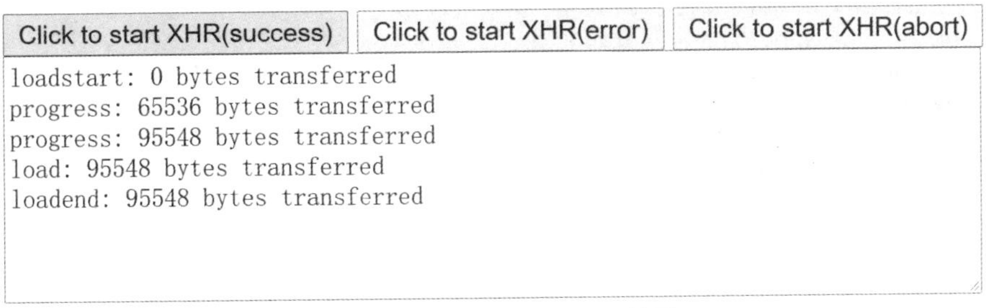

图 11-4　实例代码的页面显示效果 2

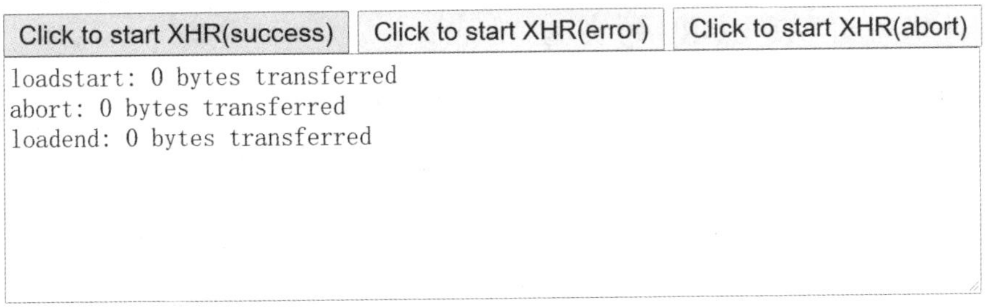

图 11-5　实例代码的页面显示效果 3

11.4　跨域资源共享

跨域资源共享（cross-origin resource sharing，CORS）是一种机制，它使用额外的 HTTP 头部信息使浏览器在一个源上运行 Web 应用程序，当 Web 应用程序请求跨域资源时，则执行跨源 HTTP 请求。

11.4.1　IE 对 CORS 的实现

IE8 加入了 XDomainRequest 类型，与 XMLHttpRequest 对象类似，可以实现安全可靠的跨域通信。但 XDomainRequest 也有一些与 XMLHttpRequest 对象的不同之处，主要有以下 4 点。

（1）cookie 不会随请求发送，也不会响应返回。

（2）只能设置请求头部信息中的 Content-Type 字段。

（3）不能访问响应头部信息。

（4）只支持 GET 和 POST 请求。

XDomainRequest 的 使 用 方 法 与 XMLHttpRequest 对 象 的 使 用 方 法 相 似， 创 建 XDomainRequest 实例，调用 open()方法，再使用 send()方法。但 XDomainRequest 的 open()方法 只接收 2 个参数，分别为请求的类型和 URL，示例代码如下：

```
xhr.open("post","example.php",true);
var form = docuent.getElementById("user-infor");
xhr.send(new FormData(form));
var xdr = new XDomainRequest();
xdr.onload = function() {
    console.log(xdr.responseText);
};
xdr.onerror = function() {
    console.log("An error");
};
xdr.open(…);
xdr.contentType = "…";
xdr.send(…);
```

11.4.2　其他浏览器对 CORS 的实现

其他浏览器也是通过 XMLHttpRequest 对象实现对 CORS 的原生支持。在尝试打开不同来源的资源时，不需要额外编写代码就可以发送这个行为。需要请求另一个域中的资源时，使用标准的 XMLHttpRequest 对象并在 open()方法中传入绝对的 URL 即可。

为了安全考虑，有以下 3 点限制。

（1）不能使用 setRequestHeader()设置自定义头部。

（2）不能发送和接收 cookie。

（3）调用 getAllResponseHeaders()方法总会返回空字符串。

11.4.3　跨浏览器的 CORS

检测 XMLHttpRequest 是否支持 CORS 的最简单方式是：检查是否存在 withCredentials 属性。再结合检测 XDomainRequest 对象是否存在，就可以兼顾所有浏览器，实例代码如下：

```
function createCORSRequest(method,url) {
    var xhr = new XMLHttpRequest();
    if ("withCredentials" in xhr) {
        xhr.open();
    } else if (typeof XDomainRequest != "undefined") {
        vxhr = new XDomainRequest(method,url);
        vxhr.open(method,url);
    } else {
        xhr = null;
    }
    return xhr;
```

```
}
var request = createCORSRequest("get","http://www.google.hk");
if (request) {
    request.onload = function() {
        //对 request.reponseText 进行处理
    };
    request.send();
}
```

【附件十一】

为了方便你的学习，我们将该章中的相关附件上传到以下所示的二维码，你可以自行扫码查看。

参考文献

[1]   Nicholas C. Zakas.JavaScript 高级程序设计[M].3 版.李松峰，曹力，译.北京：人民邮电出版社，2012.

[2]   Douglas Crockford.JavaScript 语言精粹[M].赵泽欣，鄢学鹍，译.北京：电子工业出版社，2009.

[3]   邱俊涛.JavaScript 核心概念及实践[M].北京：人民邮电出版社，2013.

[4]   李淑英，王晓华.JavaScript 程序设计案例教程[M].北京：人民邮电出版社，2015.

[5]   Jeremy Keith，Jeffrey Sambells.JavaScript DOM 编程艺术[M].2 版.杨涛，王建桥，杨晓云，等，译.北京：人民邮电出版社，2011.

[6]   Martin Rinehart.JavaScript Object Programming[M].Berkeley：Apress，2015.

[7]   Frank W. Zammetti.Practical JavaScript™，DOM Scripting，and Ajax Projects[M]. Berkeley：Apress，2007.

[8]   Jeffrey Sambells，Aaron Gustafson.JavaScript DOM 高级程序设计[M].李松峰，李雅雯，等，译.北京：人民邮电出版社，2008.

[9]   司徒正美.JavaScript 框架设计[M].北京：人民邮电出版社，2014.

[10]   Tom Negrino，Dori Smith.JavaScript 基础教程[M].6 版.陈剑瓯，等，译.北京：人民邮电出版社，2007.

[11]   Tom Negrino，Dori Smith.JavaScript 基础教程[M].7 版.陈剑瓯，等，译.北京：人民邮电出版社，2009.